别找他人要安全感 人生总要独自前行

龙泽 编著

国家一级出版社 中国纺织出版社 全国百佳图书出版单位

内 容 提 要

现代社会，人们都希望有安全感。殊不知，安全感不是别人给的，而是来自于自己的内心。很多人一味地追求物质上的富足，其实这对增加安全感根本没有作用。真正的安全感，来自于强大的内心。

本书以心理学知识为基础，结合人际关系的技巧，帮助读者朋友修炼强大的内心，让读者朋友们拥有让自己幸福的能力，学会平衡生活和工作之间的关系，也掌握人际交往的技巧，在人生的道路上勇敢前行。

图书在版编目（CIP）数据

别找他人要安全感，人生总要独自前行／龙泽编著.--北京：中国纺织出版社，2017.12 （2018.3重印）

ISBN 978-7-5180-4411-5

Ⅰ.①别… Ⅱ.①龙… Ⅲ.①人生哲学—通俗读物 Ⅳ.①B821-49

中国版本图书馆CIP数据核字（2017）第302913号

责任编辑：闫　星　　特约编辑：李　杨　　责任印制：储志伟

中国纺织出版社出版发行

地址：北京市朝阳区百子湾东里A407号楼　邮政编码：100124

销售电话：010—67004422　传真：010—87155801

http：//www.c-textilep.com

E-mail：faxing@c-textilep.com

中国纺织出版社天猫旗舰店

官方微博http：//weibo.com/2119887771

三河市延风印装有限公司印刷　　各地新华书店经销

2017年12月第1版　2018年3月第2次印刷

开本：710×1000　1/16　印张：13

字数：205千字　定价：36.80元

凡购本书，如有缺页、倒页、脱页，由本社图书营销中心调换

前 言
preface

在熙熙攘攘的城市，当闪烁的霓虹灯褪去，整个城市只剩下黑暗，蜷缩在卧室的一角，你是否觉得自己很孤独，就像被整个世界遗忘？从哲学形而上的角度来说，人生而孤独。孤独，是整个人类难以逃脱的宿命。你也许会感到害怕，却不得不给自己鼓劲，告诉自己一定要勇敢坚强地面对。第二天醒来，也许你生病了，没有去上班，但是却没有任何人关心你，更不知道你此时此刻的状态。因为，这个城市里人实在太多了，你的亲人又远在家乡，所以，你默默地病了，无人在乎。正因为如此，你强烈地需要安全感。所有人也都和你一样，追求安全感。什么是安全感呢？安全感其实来自于我们的内心。心安，你便觉得拥有安全感；心不安，即使你被一大群人围坐，也依然觉得不安。人是很脆弱的，却必须把脆弱掩藏起来，伪装强大。当你可以真诚地面对自己的内心时，你就获得了真正的安全感。

每个人的人生道路都有不同的轨迹，有些人享受锦衣玉食，大富大贵；有些人衣不蔽体，食不果腹。这个世界上原本就没有绝对的公平，你的未来，取决于你的内心是否足够强大。当遇到挫折的时候，你是百折不挠，还是马上放弃？当遇到困难的时候，你是迎难而上，还是知难而退？很多时候，决定我们一生命运的不是多么惊天动地的大事，而恰恰是我们面对小事的态度。生活的本质就是琐碎，只有从琐碎中抽身而出，才能坦然面对人生。纵观历史长河，英雄人物从不鲜见。然而，有哪个人是一帆风顺就获得成功的？天将降大任于斯人也，必先苦其心志，劳其筋骨，饿其体肤，空乏其身……每个人在被成功的光环笼罩之前，都必然独自品味着痛苦、挫折和难以言说的寂寞。这样的生存法则自古就有，要想生存下来，要想生活得有尊严，我们就必须付出加倍的努力，富有拼搏的勇气和力量。

尤其是在现代职场，职场人士之间的竞争越来越激烈。你是像柔弱的小白兔一样任人摆布，还是在残酷的竞争中奋起斗争，为自己争取利益？你永远都要记住，一旦你半途退出，就是把胜利拱手相让。你还要记住，一旦你先认输，你就是彻底地失败了。如果你不能直面喜马拉雅山的巍峨，你又如何征服它呢？正视对手，无畏无惧，你才能战胜对手；直面人生，不退不缩，你才能创造辉煌！

心安是归处。勇敢前行吧，精彩必将属于你！

编著者

2017年6月

目 录
contents

第 01 章

不用逞强也别忧伤，其实你比自己想象的坚强

在生活中，每个人都难免遇到沟沟坎坎。每当这个时候，有人选择坚强，有人选择忧伤，有人打肿脸充胖子，明明力所不能及，却勉强为之。其实，对于各种各样的突发事件，我们最需要做的就是坦然面对。尽管“坦然面对”只有四个字，但是却并非每个人都能够做到。这需要内心的修为，需要真正的从容，需要强大的内心和坚强不屈的毅力。要记住，你比自己想象中的坚强，只要你想做到，你就无所不能。

时间是治愈伤痛的良药

每当身边有人失恋的时候，或者是我们自身失恋的时候，我们总是会劝说别人和自己：时间是治愈伤痛的良药。在大多数人心里，时间是治愈失恋痛苦的最好方法，时间的流逝能够带走人们心底里无限的悲伤和绝望。实际上，时间不仅仅能够治愈失恋，同样也能治愈很多痛苦。痛苦，不是身体上用眼睛可以感知的伤口，而是看不见摸不着的苦。就像很多医学上的病例，诸如阑尾炎，只需要动手术把阑尾割掉就好。然而，假如得的是感冒，虽然听起来没有阑尾炎严重，但是却必须依靠时间的流逝推动病程的发展，直到痊愈的时候。痛苦也是如此，痛苦不是阑尾炎，割不掉，必须用时间慢慢化解，使其淡化，直到最终烟消云散。从这个角度来说，时间真的是良药。因为痛苦的遗忘和淡化，是需要时间的。每当我们对痛苦无计可施的时候，就只能等待。在时间的流逝中，那些曾经痛彻骨髓的感觉渐渐淡忘，我们也走出人生的阴影，扬起希望的风帆，再次开始崭新的生活。

有人说，人生是一场没有回程的旅行。实际上，人生更像是一趟状况百出、不可预测的旅行。在人生的旅行中，每个人都要经历很多事情。这些事情，有悲有喜，有苦有乐。最痛苦的事情，莫过于得不到、已失去。得不到的尚且还好，已失去的则让我们每当想起都会痛彻心扉。可以说，这个世界上的每个人心里都有暗伤。在一生之中，尤其是人到中年之后，突如其来的生离死别，总是将人心掏空，让人不由得想要逃开这个世界，变得无知无觉。虽说人生何处不相逢，但是往往一转身就是一生，后会无期。所以，不管是生离还是死别，都是人生不能承受之痛。当你觉得无力承担人世疾苦的时候，就把这一切交给时间吧，时间会治愈你心底的伤痛，让它结疤，变得坚硬，让你有勇气继续面对反复无常、冷酷无情的生活。

人生有三大痛苦：幼年丧父，中年丧妻，老年丧子。老陈最近就经历了这三大悲痛中的一大悲痛。他和妻子唯一的儿子，在一场车祸中不幸丧生。刚刚得到这个消息的时候，老陈觉得简直就是晴天霹雳，他的妻子反应更加异常，她毫无反应，甚至连哭都忘了。他们快到中年才有了儿子，如今，已经进入老年的他们却突然间失去了生命中最挚爱的亲人，这样的打击是换做任何人都承受不了的。妻子几天几夜地坐在那里，不吃也不喝，整日不说一句话，更不去料理儿子的后事。心理医生说，她在强烈的刺激下，关闭了自己。医生还说，必须尽快想办法帮助她疏导情绪，不然很容易崩溃，导致精神失常。老陈心里沉重极了，他知道，如今这个家能否过得了这个坎，就在于他了。一夜之间，他的头发几乎全白了。

老陈瞒着妻子，和亲戚朋友一起料理了儿子的后事。他没有带着妻子去看儿子最后一眼，他知道，妻子再也承受不了这样的打击。其实老陈也承受不了，但是他只能承受。安葬好儿子之后，老陈请了长假，每天都陪伴妻子散步、买菜、做饭，尽量让生活恢复如常。他还带着妻子去不远的地方旅游，他知道，妻子太需要走出心里的世界了。终于，几个月之后，妻子开口问他：“儿子呢？”老陈把一切经过都告诉妻子，妻子失声痛哭。哭过之后，她死死地抱着老陈，说：“老陈，从此，这个世界上就只剩下咱们俩啦！”老陈哭着抱紧妻子：“放心吧，老伴，我会永远陪在你身边。”在长达五六年的时间里，老陈和妻子一想起儿子，就泪流不止。随着时间的流逝，他们渐渐走出了阴影。如今，已经退休的他们选择四处旅游，他们甚至卖掉了房子，准备走不动了就一起去养老院生活。

在这个事例中，老陈和妻子老年丧子，这样的伤痛是人生致命的打击。然而，在时间的流逝中，他们最终走出了生活的阴影。无论怎样，生活都必须继续下去。不管遭受怎样的灾难，人生都无处可逃。

心理小贴士

1.人生有很多突如其来的变故，我们都无处可逃，只能面对。即使逃避，也不可能逃避一辈子。归根结底，人生不是用来逃避的。

2.我们以为自己很脆弱，其实，我们内心深处很坚强。不管遇到怎样的难题，我们最终都能扛过去。我们必须记住，人生没有过不去的火焰山。

3.当你觉得自己无能为力，那就什么也不要做，把一切交给时间吧，时间是治愈世间伤痛的良药。

装可怜并不能得到帮助

每个人都会遇到困难，有些困难是我们能够依靠自身的力量克服和解决的，而有些困难则需要我们得到外界的帮助和支援才得以化解。然而，有的时候，帮助并非从天而降，而是需要我们去努力争取。每当这个时候，有些人会装可怜，以博得别人的同情和怜悯。其实，同情只是一种情绪。在正常情况下，当我们看到别人的不幸遭遇时，就会设身处地地为对方着想，就会感同身受。这是一种非常冲动的情绪，并不能够持久。所以，同情心泛滥的人，往往并不会给予别人切实的帮助。相反，有些人看起来非常理智，对于别人的不幸遭遇也不会第一时间表示同情。然而，他们却能够客观分析对方的情况，知道怎样才能够真正切实地帮助对方摆脱所处的困境。

毫无疑问，大多数人都想得到第二种同情者的帮助。然而，装可怜只能得到泛滥的同情，只有自强自立，才能得到第二种同情者的敬佩和帮助。人们常说，救急不救穷，就是这个道理。如果一个人非常贫穷，那么他一定是懒惰的，对于这样不积极面对生活的人，暂时的帮助于事无补。相反，急需用钱的人往往是因为遇到了突发的事情，一时之间资金周转不灵。这样的人平日里非常勤奋刻苦，日子总不至于过得太差。帮助他们渡过暂时的难关，他们很快就能凭借自己的努力和拼搏，改善生活的局面。这样的帮助，才是真正有意义的。看到这里，聪明的读者一定会意识到：要想得到别人的帮助，首先要自立自强。有些人一遇到困难就放弃努力，总是一副苦大仇深的样子，这是毫无作用的。相反，只有在厄运面前自强不息的人，才值得每一个人都伸出援手，帮助他渡过难关。

徐良和张磊都在一家公司工作。他们都是销售员，很少在单位里坐着，每天都四处奔波，找客户，拉关系。前段时间，公司华东地区的销售总监因为个人原因辞职，这个职位就空缺下来了。对此，销售部的几个销售精英都虎视眈眈，毕竟，公司已经发展成熟，一个萝卜一个坑，这样的晋升机会可是千载难逢啊。徐良的业绩排在张磊前面，在几个销售精英中，张磊的销售业绩是最弱的。不过，张磊还是很想搏一搏，他已经年近四十了，如果没有得到晋升的话，职业生涯就算到头了。

最近，几个销售精英都拼命地跑单子，拉客户。他们心知肚明，眼下，业绩就是最强最有力的竞争筹码。很快，徐良和张磊分别都签下了一个大单。然而，好事多磨吧，张磊的单子后期突然出现了意想不到的问题，客户解约了。眼看着，竞选的日子就在眼前，张磊心急如焚。他决定，在竞聘的时候打一张感情牌。

在参加竞聘的时候，张磊排在徐良前面。看着眼前的各位总监和CEO，张磊先是陈述了自己在公司的任职经历，后又说了自己如果能够胜任华东区总监之后的举措，最后他居然毫无征兆地哭了起来。他哭得涕泪横流，说："我在公司已经工作十年了，在这十年间，没有功劳也有苦劳吧。我任劳任怨，脏活累活都抢着干。我很需要这个职位，我的前妻和我争夺孩子，我必须在工作上有所发展，才能把孩子抢回来……"一个总监平日里和张磊关系比较好，见状赶紧给他递纸巾，暗示他不要再说下去了。后来，轮到徐良竞聘的时候，徐良井井有条地介绍了自己进公司五年来的业绩情况，并且详细陈述了自己在工作中的心得和体会。从他的讲述中，不难看出他这五年来进步很快，对生产线和销售流程，都完全掌握。最重要的是，他对未来的职业规划也很清晰，一看就是个干劲十足的小伙子。

毫无悬念，张磊落选了，徐良升任华东区销售总监。后来，那个和张磊比较相熟的总监说："张磊啊，原本，你的胜算还是比较大的。但是，你想想，公司会让一个在竞聘这种重要场合涕泪横流的人当华东区的总监吗？！公司需要的是有才华有能力有魄力的人，不需要一个哭哭啼啼打感情牌的人。"听了这位总监的话，张磊懊悔不已。

在这个事例中，如果张磊不打感情牌，不装可怜，也许凭借十年的工作经验，还是有一定胜算的。然而，他忘记了现代企业的生存之道。现代的企业都是参与市场竞争的，因此公司内部的各种竞争机制也非常严格。正如电视剧《北上广不相信眼泪》的标题一样，现代企业都不相信眼泪。尤其是华东区总监的职位举重若轻，对于公司的发展有着深远的影响，因此就更不相信眼泪啦！职场人士一定要记住，千万不要装可怜，否则必定事与愿违。

心理小贴士

1.装可怜除了能够博得人们的同情之外，往往于事无补。

2.装可怜的人往往没有真本领，不然，一定会用装可怜的时间和精力去拼搏，凭借实力改变现状。

3.要想得到帮助，首先自己要给予别人希望。对于一个已然放弃的人，谁还会去浪费时间和精力帮助他呢？即使帮助不求回报，人们也希望自己的付出是有价值的。

心门的钥匙掌握在你自己手中

很多时候，打败我们的不是别人，而是我们自己。在人生的旅程中，每个人都难免遇到困难，甚至有的时候这些困难看似不可逾越。在这种情况下，能否战胜困难并非取决于外界的天时地利人和，而是取决于我们战胜困难的意志。很多人都听说过，原本一个癌症晚期的病人已经被医生判了死刑，医生甚至不让他留在医院进行治疗，而让他想吃就吃，想喝就喝，四处玩乐，以完成一生之中未尽的心愿。因此，癌症病人离开医院。既然知道时日无多，连医生都放弃治疗，他也就彻底想开了。他卖掉房子，带着所有的家当开始周游世界。他什么也不想，完全忘记了自己的癌症，就这样开心地在地球上走走停停。不知不觉间，时间已经过去了一年多，这已经远远超出了医生宣判的他的死期——半年。他游山玩水之后回到了家里，去医院进行复查，他想弄明白自己为什么没有死。检查的结果让所有人都大吃一惊，他体内的癌细胞消失了。这个奇迹用医学根本无法解释，却频繁发生在癌症晚期病人的身上。生还是死，决定因素就是他们能否放下一切享受生活。有位医生曾经说，很多癌症病人都是吓死的。如果得知自己患者癌症之后就终日以泪洗面，忧思不断，那么即使癌症原本并不严重，也会因为情绪消沉迅速恶化，最终夺去生命。

打开心门，不仅仅对于治疗癌症有奇效，对于生活中的很多事情都效果显著。在这个世界上，每个人都追求成功，然而，他们在通往成功的路上，不是还没出发就先放弃，要么就是死在路途中。究其原因，是因为他们在追求成功的过程中没有经受住失败的考验。对于很多人来说，失败就是心里的坎，他们没有能力承受失败。然而，有哪一个成功者不是在经历很多次失败之后才走向了人生的顶峰呢？要想成功，首先要打开心门，拥抱失败。只要我们心里抱着积极的态度面对失败，对失败不抱怨不气馁，积极地总结经验，失败就会成为我们进步的阶梯。每个人的心里都有一扇门，只有打开这扇门，才能敞开心扉拥抱生活的喜乐悲苦。遇到生活的变故时，人们常常抱怨命运的不公平，抱怨身边的亲人朋友，实际上，你心门的钥匙掌握在你自己手里。影响你命运的不是外界的各种人和事，而是你的内心。

李阿姨今年59岁了，原本计划好退休之后和老伴一起环游世界，不承想，老伴突发心肌梗死，离她而去了。李阿姨痛不欲生，恨不得和老伴一起去了。

然而，孩子们整日整夜地守着她，开导她。李阿姨在家躺了一个月之后，勉强支撑着去上班了。这一年的时间，因为工作上还比较忙碌，虽然想起老伴还是忍不住掉泪，但还是磕磕绊绊地过去了。一年之后，李阿姨退休了。看着冷冷清清的家，她的情绪糟糕到了极点。她又产生了厌世的念头。儿女们都长大了，各自成家，都有了自己的生活。虽然每到节假日他们就拖家带口地来陪伴李阿姨，然而，李阿姨还是觉得空虚寂寞，生活了无乐趣。

退休没多久，李阿姨就得了严重的抑郁症，并且有严重的自杀倾向。为了照顾妈妈，女儿辞去了不错的工作，带着孩子搬来和李阿姨一起住。看着女儿整日忙前忙后，还不得不和女婿两地分居，李阿姨心里觉得很不忍。她劝女儿搬回家去住，否则时间久了，夫妻感情容易淡漠，女儿却说宁愿离婚，也不会扔下妈妈。李阿姨想了很久，觉得不能拖累女儿。因此，她和女儿商量着要报团旅游。和兄弟姐妹们商量之后，女儿给她报了一个豪华游，历时一个月，走大半个中国。从来没出过远门的李阿姨跟着旅游团出发了，在旅游团里，她认识了很多老伙伴，玩得很开心。这是一个老年团，里面有很多老人都是单身一人。他们和李阿姨相互劝慰，再加上导游的贴心陪伴，最终李阿姨想明白了：生活总要继续，不能拖累孩子。

回家之后，李阿姨一改往日的消沉，她给自己报名参加了老年大学，还报了书法班、插花艺术班。渐渐地，她的生活再次回归正轨，每天都非常充实且有规律。看到妈妈的改变，女儿高兴极了。一个月之后，她放心地带着女儿搬回自己家住了。

李阿姨之所以能够有如此之大的改变，就是因为她打开了自己的心门。如果不是她自己想明白了如何生活，不管别人再怎么劝说和安慰，也是于事无补的。朋友们，在生活中，每个人都难免遇到为难的事情，这种情况下，我们一定要摆正心态，因为唯有如此，才会战胜困难，在人生的道路上继续前行。

心理小贴士

1.心门，就是心里的障碍。打开心门，就是越过自己心里的障碍。

2.心门的钥匙掌握在我们自己手中，所以，是否打开心门完全取决于我们的内心。一颗积极乐观的心，即使遇到再大的困难，也能够战胜困难，继续前行。一颗脆弱消沉的心，遇到小小的困难就会放弃，这样当然会导致生活的低谷甚至是无可救药。

3.人生不可能一帆风顺，唯有积极面对，才能勇往直前。

正向思维，给你指引成功之路

所谓正向思维，顾名思义，就是遵循事物的发展规律，从现状推测未来的思维模式。要想使用正向思维，首先要对现状进行入木三分的了解。唯有深刻了解现状，推断才是有据可循的。在了解现状的基础上，要想进行正向思维，还要具有推断能力，这一切都要依赖于良好的逻辑分析能力。可以说，正向思维是一种发展的思维。如今，社会的发展非常快速，各种事物日新月异，我们的思维也应该跟得上时代的脚步，从发展的角度考虑问题、预测未来。和正向思维相对应的，是负向思维。负向思维是一种封闭的思维方式，习惯于进行负向思维的人，往往故步自封，拒绝变化。也正因为如此，他们总是悲观绝望，对自己的未来不抱希望。简而言之，拥有正向思维的人是积极的，对自己的未来充满信心。反之，拥有负向思维的人是消极的，对前途悲观失望。

在很多时候，这两种思维决定了不同的人生。试想，如果你是一名年轻人，你正在面临创业。你拥有正向思维，你先充分考虑和分析自己的现状，对于自己的优势和劣势了然于胸，但是你并没有被可以预见的困难吓倒，因为创业原本就是一条充满荆棘的路，你有信心战胜困难，实现自我。所以，你做好准备，勇往直前地走在创业的道路上。你成功了，你的人生从此与众不同；你失败了，但是你理智地积累经验，吸取教训，准备再接再厉。相反地，你拥有负向思维，在创业的时候，你被自己在头脑中臆想出来的困难吓倒了。你原本有很大的胜算，就是因为害怕承受失败的打击，所以你放弃尝试。从此之后，你的人生裹足不前，因为任何尝试都有失败的风险，都不可能做到百分之百成功。就这样，你的人生从此唯唯诺诺，就像契科夫笔下的套中人，总是不愿意面对现实。看到这里，聪明的读者一定知道自己应该用哪种思维方式面对人生了吧！没错，就是正向思维。

王刚大学毕业后，没有找到合适的工作。他的很多同学也都没有找到合适的工作，不过他们全都抱着骑驴找马的心态，先降低要求，挣点儿钱养活自己。对此，王刚却不这么看。他认为，大学刚刚毕业的几年，是非常关键的几年。如果把这几年耗费在自己不喜欢也看不到希望的工作上，那么是对人生的极大浪费。因此，他想了很久，决定回到家乡创业。

对于应届大学毕业生而言，淘宝无疑是个当老板的捷径。既不需要雄厚的资金，也不需要给很多人开工资，就可以开一家不错的淘宝店。王刚选修的就是计算机课程，所以对网络的运用得心应手。他知道，这是他的长板。父母听说他要开公司，全都不赞同。他们都觉得年轻人应该去大公司上班，这样才能有更大的舞台。王刚却说：“自己当老板，舞台会更大。”对于父母提出的若干条反对理由，其实王刚早就运用正向思维充分考虑过了。首先，资金不是问题，王刚自己有一部分钱，父母也可以支援他一部分。其次，王刚擅长计算机和网络，刚开始的时候，为了节约成本，他完全可以成为主要劳动力。再次，发展之后，王刚就想自己开工厂生产简单的产品，因为家乡的人力和物力都很充分，也很廉价。最后，王刚对父母说，我还年轻，即使做最坏的打算失败了，也会因为有创业的经验而与众不同。

在王刚的劝说下，父母对王刚的创业请求表示全力支持。果不其然，几年下来，王刚已经拥有了属于自己的加工厂，还有数十家淘宝店铺。现在的王刚，和那些“骑驴找马”的同学相比，已经不可同日而语了。

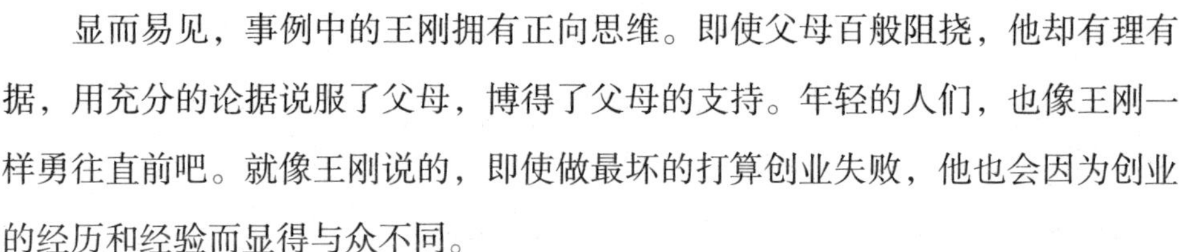
显而易见，事例中的王刚拥有正向思维。即使父母百般阻挠，他却有理有据，用充分的论据说服了父母，博得了父母的支持。年轻的人们，也像王刚一样勇往直前吧。就像王刚说的，即使做最坏的打算创业失败，他也会因为创业的经历和经验而显得与众不同。

人生，就是用来经历的。思虑太重的人，往往因为忧思裹足不前。任何成功，都必须经过尝试和失败，才会摘取果实。行动起来吧，生活中的人们！

心理小贴士

1.正向思维的人们积极乐观，遇到事情能够勇敢面对，不会逃避，对前途和未来也充满信心。

2.负向思维的人们情绪消沉，一遇到事情就会打退堂鼓，只会逃避，对前途和未来没有信心，总是悲观失望。

3.人生总是布满荆棘，没有任何成功能够一蹴而就。要想取得成功，每个人都应该采取正向思维，只要迈出第一步，你就能战胜自己内心的恐惧。

4.加油，行动派们！

困难只是暂时的

在一生之中，没有人能够一帆风顺。人生总是会遇到各种各样的挫折和磨难，然而，这些困难都是暂时的，只要你足够坚强，没有任何困难会伴随你一辈子。有过乘坐火车经历的人们都曾经穿越过隧道。有些隧道，常常不见尽头。尤其是在日本，很多隧道那么幽深，那么暗黑，是最黑的黑，让坐车的人恍惚之间情不自禁地产生恐惧，觉得自己掉进了一个永远也不会见光的黑洞。在这样的恐惧之中，火车依然轰轰隆隆地前行，带着人们奔向光明。人生也是这样一列火车。不管是在阳光之中，还是在暗黑无界的隧道之中，它始终轰鸣着向前，再向前，从来不曾停下。所以，不管我们是否愿意，人生的列车终将带我们穿越重重困难的隧道，直到抵达隧道的终点，你才发现，原来隧道并非漫无尽头。当生命遭遇创伤、痛苦和摧残性的打击时，很多时候，我们觉得自己无力承担了，甚至产生了结束生命的念头。然而，只要我们的生命还在，这一切就终将过去。

也许有人会说，既然生命的车轮终究会带我们驶离困难的隧道，我们还需要做什么呢？只要静静等待就好。你需要考虑的是，你采取的姿态不同，也决定你的人生驶离困难的隧道之后，面临怎样的局面。简而言之，我们面对困难的态度，决定了我们生存的姿态。人活着有很多种方式，高贵地活着，卑贱地活着，忍辱负重地活着，好死不如赖活着……这么多的姿态，哪一种是你真正想要的。曾经，有个百岁老人说，活着，就是受罪。一宗一宗罪受过来，一辈子也就结束了。也曾经，有位百岁老人说，人生没有过不去的火焰山，熬过来就好了。的确，很多困难要煎熬要坚持，但是很多困难，需要我们迎难而上，勇敢解决。无论怎样，困难都是暂时的。既然哭着也是面对，笑着也是面对，我们为何要束手就擒呢？！只有勇敢面对，采取主动的姿态，我们才能真正把困难踩在脚下。

在当选总统之前，林肯的人生就像是由一个又一个的困难堆积起来的一样。1832年，失业的他备受打击，但却勇敢地做出了一个决定——参选州议员。竞选失败后，他毫不气馁，又开始创业。然而，不管是政治的道路还是商业的道路，都对他关闭了大门。在短短的一年时间里，他创办的企业就宣告破产，他也为此负债累累。这笔沉重的债务，林肯用了十七年的时间才还完。在这段时间里，林肯再次竞选州议员，并成功当选。

1835年，正期待走入婚姻殿堂的林肯失去了新娘。他在沉重的打击下一度卧病在床。因为不堪命运的捉弄，他还患了神经衰弱，常常被失眠折磨。但是，他没有屈服。经过两年的修养生息，林肯于 1838年到1846年间先后竞选州议会议长和美国国会议员，依然失败。尽管命运总是打击他，他却始终傲然站立在人世间。1846年，林肯参加了国会议员的竞选，终于成功了。在这一次短暂的安慰之后，厄运还是没有放过林肯。他在争取连任的竞选中再次失败，甚至连当本州土地官员的愿望都没有得到满足。时光飞逝，1860年，越挫越勇的林肯终于得到命运的垂青，在竞选中一举夺魁，担任美国总统。

中国著名的体操运动员桑兰，在人生最辉煌的时候，因为一次赛前训练中的动作失误，严重摔伤。她的胸部以下包括双手在内，都毫无知觉。当时，桑兰只有十七岁。这个被称为“跳马王”、身轻如燕的女孩，从此不得不在轮椅上度过一生。面对命运突如其来的打击，桑兰从未流过一滴眼泪。她以坚强和勇敢面对命运的捉弄，以微笑面对自己不再自由的人生。

原本，事业上如日中天的桑兰把为国争光定为自己的奋斗目标；如今，身体严重残疾的桑兰把恢复自立能力定为自己的奋斗目标。人还没有离开病床，她就开始训练自己独自穿衣服，洗漱。坚强的她，忍受着躯体的疼痛和无知无觉的麻木，渐渐地能够从轮椅上依靠自己的力量躺到床上。她知道，人生只能面对，不能逃避；困难只能战胜，不能被打倒。

她的微笑告诉全世界，她还是那个坚强的桑兰。她付出了数倍于常人的努力，学习了英语，还学会了操作计算机。她还非常勤奋地学习文化知识，充实自己。就这样，身残志坚的桑兰最终把困难踩在了脚下，她又是那个充满青春活力的女孩了。在勇敢和坚强的桑兰身上，我们看到了生命的力量，看到了困难的软弱。

如果不是一次又一次地战胜困难，跌倒了再爬起来，林肯不会成为美国总统。如果不是坚强和勇敢地面对困难，把困难踩在脚下，桑兰就没有如此绚烂的人生。人们总是说，困难像弹簧，你强它就弱，你弱它就强。然而，在现实生活中，被困难打倒的人依然不计其数。

不管什么时候，我们都要牢记：困难只是暂时的。面对困难，只要我们迎难而上，勇敢地把困难踩在脚下，它就对我们无可奈何。任何时候，人的力量都是最强大的。只要我们自己不放弃，就没有任何困难能够把我们打倒。

心理小贴士

1.人生不如意十之八九。当人生遭遇困难的时候，你所需要做的就是思考如何面对，而不是思考是否面对。

2.人生没有过不去的火焰山，只要我们不放弃，就终将能够战胜困难。

3.没有困难的人生只存在于梦想中的世界，现实版的人生就是不断地面对困难，战胜困难，接受改变，适应改变。

命运青睐坚强乐观的人

每当做事情总是不顺利、磕磕绊绊的时候，人们总是说很倒霉，或者抱怨命运不公平。其实，命运是很公平的，很多时候，命运之所以表现出明显的偏向，只是因为人们的心态不同。当然，一切并非都是命运安排的。确切地说，不同的心态导致我们面对生活的态度不同，不同的态度又决定了我们的命运迥然不同。很久以前，就曾有人说过，生活是一面镜子。你对着它微笑，它就回报你微笑；你对着它苦笑，它就对着你苦笑；你对着它皱眉，它也对着你皱眉。这句话深刻地揭示了生活的真谛。

聪明的人当然知道应该如何面对生活，即使生活给我们设置了重重阻碍和困难，只要我们积极乐观地面对，那么这一切艰难险阻终将都会被我们踩在脚下。反之，在生活中非常脆弱的人是很难获得生活青睐的，因为困难还没将他打倒的时候，他就已经先被吓倒了。机遇只属于有准备的人，这里所说的有准备的人，指的是不放弃自己，坚定不移地前进的人。即使遇到困难，他们也能勇往直前，跌倒了再站起来。这样的人，才是命运青睐的强者，自然也能够抓住很多转瞬即逝的机会。

在很小的时候，霍金就对自然科学表现出浓厚的兴趣。读大学期间，霍

金还很健康。他突然想到，肯定有一套理论能够解释宇宙之间的种种现象。从此，他沉迷于其中。21岁那年，霍金不幸身患绝症，被医生宣判生命只能维持两年。刚刚得知这个消息时，他非常绝望，从此意志消沉。有一天晚上，他做了一个梦，梦见自己力所能及地帮助很多人。两年的时间过去了，霍金的情况没有极度恶化，生命暂时无忧。想到自己曾经的病友很快就去世了，霍金不禁开始庆幸自己还算幸运，至少还活着。再想想自己17岁就考入剑桥大学，说明自己的头脑还是非常灵活的。想到这些，再想想自己深爱的妻子，霍金决定向命运发起挑战。

霍金开始继续自己的研究，他沉浸在自己的学术世界中，完全忘记了疾病对他的困扰。他希望每一个人都把他当成健全的人对待，因为他的精神丝毫没有残疾。霍金有着强烈的意志力，对生活有自己的计划。在身患绝症之后，他几次都差点儿被死神夺去生命，最终却又凭借着乐观和顽强的精神，战胜了病魔。在一次演讲结束后，面对记者的提问，霍金乐观地回答："命运并没有夺走我的一切，至少，我还有三个手指和两个眼珠能动，我的大脑也完全健康。此外，我还有朋友和爱人，我还有一颗满怀感激的心……"霍金的回答，让在场的人无不由衷钦佩，他们给予了霍金最热烈和诚挚的掌声。

正因为乐观坚强地面对生活，霍金才能身残志坚，最终为科学研究做出了卓越的贡献。人们把他评价为继爱因斯坦之后最杰出的物理学家之一，甚至赞誉他为"宇宙之王"。霍金的成就不是命运的赏赐，而是他永不屈服的心征服命运之后的战利品!

如果被命运打败，这个世界上就少了一位杰出的物理学家。幸运的是，霍金尽管全身上下只有一对眼珠和三根手指能动，却丝毫没有阻碍他在科学研究道路上的雄心壮志。在命运面前，霍金是不折不扣的强者。

生活中的人们，你们之中有几个人曾经遭受霍金这样的打击呢？可以说，霍金的疾病对于大多数人来说，都是致命的。如果不是拥有顽强的意志和乐观的精神，他不可能战胜命运。正如霍金所说的，他还有三根手指可以动，还有健康的大脑，还有亲人和朋友。不管命运给予我们怎样的磨难，只要我们傲然屹立，都会超越磨难，成就自我。

心理小贴士

1.在《老人与海》中，海明威说“一个人可以被毁灭，但不能被打败”。这句话的意思是说，除非生命戛然而止，否则，我们就要勇敢面对和战胜命运给予的灾难和苦难。

2.乐观和坚强，永远是制服命运的法宝。

3.没有谁的人生是一帆风顺的，你人生的高度，就是比你攀爬的困难的高度更高一些。

第 02 章

直面内心的恐惧，有一天你会遇上最好的自己

每个人最大的敌人都是自己，我们内心深处藏着深深的恐惧。有的时候，勇敢战胜恐惧，我们就会勇往直前；有的时候，勇敢被恐惧打败，我们就会惴惴不安，裹足不前。如若想在人生之中取得长足的发展，首先我们要鼓足勇气直面内心的恐惧。人性是有弱点的，这一点毋庸置疑。只有正视人性的弱点，勇于挑战自我，我们才能遇见最好的自己。

不做攀援的凌霄花

“我如果爱你，绝不像攀援的凌霄花，借你的高枝炫耀自己；我如果爱你，绝不学痴情的鸟儿，为绿荫重复单调的歌曲；也不止像泉源，长年送来清凉的慰藉；也不止像险峰，增加你的高度，衬托你的威仪。……我必须是你近旁的一株木棉，作为树的形象和你站在一起。根，紧握在地下；叶，相触在云里。每一阵风吹过，我们都互相致意，但没有人，听懂我们的言语。”诗人舒婷的《致橡树》，为我们唱响了爱情的绝曲。曾经，我们以为爱就是奉献，是付出，是不计一切地投入。读了这首诗，我们更加了解了爱情的真谛。爱，不是失去自我，不是一味地攀附，而是以独立的形象并肩而立。爱，是携手并肩，相互依存，不离不弃；爱，是傲然挺立，俯首致意，心领神会。要想获得爱情的青睐，首先应该拒绝成为攀援的凌霄花。只有独立的木棉，才能拥有至高而上的爱情。

在现实生活中，很多人曲解了爱情。面对自己所爱的人，他们卑躬屈膝，恨不得付出自己的所有，最终却失去了自我，失去了人生的方向。在爱情的关系中，相爱的双方从人格上应该是平等的。我们尽可以耍一些可爱的手段去赢得爱人的心，却不能为了赢得爱人而放弃尊严和骄傲。尤其是很多女性，为了自己的丈夫，结婚之后就辞去工作，专心在家相夫教子，不知不觉间就变成了黄脸婆。等到丈夫事业有成、功成名就的时候，如果能够体念妻子的默默付出还好，如果觉得妻子跟不上自己发展的脚步，就会飞起一脚，将其淘汰。如此一来，作为妻子的岂不是一无所有？女性，不管什么时候，都要保持独立。这里所说的独立，包括经济独立和精神上的独立，当然，也包括感情上的独立。如今，人们常常说，花若盛开，清风自来。其实，女人恰恰就如花朵。如果争奇斗艳，始终浓郁芬芳，那么蝴蝶、清风，都会来表示爱恋。反之，如果残花败落，只剩下枯枝败叶，还能吸引美丽的蝴蝶和温柔的清风吗？所以，每一位女性无论如何沉迷于爱情，都要注意提升自己，保持自我。

晓敏毕业于一所名牌大学，原本有着人人羡慕的工作。她和老公张强是大学同学，工作几年后，张强动了创业的心思。刚开始的时候，晓敏反对张强自己创业。他们的工作都很好，收入稳定，福利待遇好，足够生活的开支，还小有盈余。而且，公司的发展前景也不错，随着工作经验的丰富，应该还有晋升空间。然而，张强是一个很有野心的年轻人，一门心思地想要创业。就这样，晓敏只得答应了老公的请求。

没多久，张强就和几个好哥们合伙开创了公司。随着公司渐渐步入正轨，张强越来越忙碌。无奈之下，晓敏为了成就张强的梦想，一个人包揽了家庭中的所有事情。前两年，由于婆婆中风瘫痪，她不得不辞去工作，当起了全职家庭主妇。辞职之后的晓敏，一心一意地照顾家庭，照顾公婆和孩子。渐渐地，原本那个青春靓丽、精明干练的她不见了，取而代之的是一个“黄脸婆”。和晓敏的现状恰恰相反，张强的公司却做得顺风顺水，风生水起。起初，张强不遗余力地动员晓敏辞职，说家里只需要一个人打拼就足够了。如今，张强却忘记了晓敏的付出，开始怎么看晓敏都不顺眼。归根结底，白天在公司里，围着他转的都是年轻漂亮的小姑娘呢！这些小姑娘对于张强这样人到中年的成功人士，都有着致命的诱惑。

在婆婆去世之后，晓敏“被离婚”了。此时，女儿也已经考上大学，远远地离开了家。看着空荡荡的房子和存折上的数字，晓敏的心里无比空虚。甚至，她想到了死。如今的她肠子都悔青了，终于知道当初父亲为什么坚决反对她辞职。想到父亲和母亲，她又觉得自己不能死，毕竟，爱情没了，亲情还在，双亲还需要赡养和侍奉。晓敏重新打扮自己，开始找工作。虽然荒废了这些年，晓敏毕竟是名牌大学毕业的，学习能力很强，气质和素质都不俗，因此，她很快找到了不错的工作，本着重头开始的谦虚态度，一切从零做起。没几年，晓敏就在年轻人中脱颖而出，成为公司的中层管理者。如今的她，又开始有了追求者。公司里的CEO，年近不惑，非常喜欢晓敏呢！

事例中的晓敏，因为把一切都付出给丈夫，最终被爱情开了个大大的玩笑。幸好，她痛定思痛，没有放弃自己，而是努力地站了起来，重新面对生活。最终，晓敏又赢得了爱情的青睐。不管她是否决定嫁给CEO，她都重新在爱情的道路上收获了信心和勇气。晓敏，再次赢得了人生。

在爱情面前，很少有人能够保持理智。有人把恋爱中的人都比喻成重感冒患者，因为他们昏头昏脑，根本不知道天高地厚。为了爱情，他们恨不得付出生命，只为了向所爱的人证明自己的真心。然而，爱情的保鲜期极其短暂，恋爱中的人们也只能维持短短的新鲜感。要想让自己对爱人保持永久的吸引力，就是不断地提升自己，在生活的道路上与爱人并肩齐驱。最理想的爱人之间，不仅仅有爱情，同时也有友情、亲情，还有志同道合的惺惺相惜之情。永远不要被自己的爱人落下，否则，爱情就无法长久！

心理小贴士

1.聪明的女孩不会甘愿为了爱情当攀援的凌霄花，相反，她们更愿意以木棉的实力与所爱的人比肩而立。

2.爱情，不是空中楼阁，更不是水中镜花。爱情，属于凡俗的世间，因此也和我们一样庸俗和势力。爱情，永远不可能脱离物质条件而存在。

3.爱情就像流沙，既不能放任它四处流散，也不能握得太紧，让其从指缝间溜走。

4.爱情的保鲜期非常短暂，你有信心吸引爱人永远的注意力吗？提升自我，保持由内而外的魅力，才是王道。

爱情，你的名字叫矜持

在封建社会，女性根本不能见到自己家之外的男性，否则就有伤大雅。也许是因为几千年封建思想的影响，在很长一段时间内，女性在爱情之中都承担着被动的角色。她们不敢主动追求自己喜欢的人，甚至婚姻大事也只能凭借父母之命，媒妁之言。很多女性在结婚之前，根本见都没见过自己的丈夫。直到新婚之夜，她们才知道要与自己共度一生的人是怎样的相貌。至于人品，那就只能是在漫长的婚姻生活中慢慢品味，听天由命。新中国成立后，改革开放的春风刮遍了祖国大地。似乎是在一夜之间，人们的观念发生了翻天覆地的变化。女性一改矜持的模样，翻身当家做主人，相当一部分女性在自己的爱情之中占据了主动的地位。她们甚至等不及男性来表白，自己就主动表达仰慕之情。如果对方也喜欢她，那就一拍即合，两情相悦，坠入爱河。即使对方不太喜欢她，很多女性朋友也奋起直追，毫不气馁。属于第一种情况当然好，但是属于第二种情况就不好说了。人们常说，强扭的瓜不甜，爱情是一个巴掌拍不响的事情，即使勉强在一起，也不会心心相印的。既然如此，为什么不寻找自己喜欢也真正喜欢自己的人呢？！爱情很多时候是需要缘分的，在这个世界上总有一个适合你的人存在。

从两性的角度来说，女性朋友如果在爱情之中多一些矜持，对彼此之间的关系会更好。男性是雄性动物，天生有着征服的欲望。虽然我们不能再像封建社会一样一切由男性说了算，也不能毫不矜持。所谓矜持，并非是拒绝。在生活中有一个奇怪的现象，细心的女孩一定会发现，即对于得来不易的东西，人们总是更加珍惜。相反，对于轻易得到的东西，人们总是不觉得可贵。爱情，同样符合这个规律。假如女孩能够在爱情之中适度地保持矜持，那么男性就会觉得这个女孩是值得自己不懈追求和珍惜的。反之，假如女孩在爱情之中总是迫不及待，甚至主动出击，那么男孩就会觉得这段感情来得太容易，即使失去了也没有什么可惜的。看到这里，聪明的女孩一定知道自己该怎么做了。矜持的方法有很多，延迟约会，略含羞涩，欲就还推，这全都是娇羞而又美妙的矜持。

进入大三，班级里的很多同学都恋爱了。春天的校园里，处处都是动人的背影。徐伟也想恋爱，其实，他已经在心里悄悄地爱上了一个人。她叫雅婷，是大二的一名学生。他们的第一次相遇，当时，徐伟在草坪里的长椅上看书，雅婷拿着相机四处拍照，当她看到阳光照在埋头苦读的徐伟身上，不由得举起了相机。觉察到有人在偷拍自己，徐伟抬起头，却看到了一双美丽的大眼睛正躲在镜头后面观察他。就这样，徐伟和雅婷相识了。

徐伟几乎在第一眼就喜欢上了雅婷，但是雅婷却装作毫不知情。雅婷刚刚大二，她还想好好学习呢。对于徐伟几次邀请她一起去爬山，她都委婉地拒绝了。不过，在相片洗好之后，她还是去教室里找到徐伟，把相片还给了他。看到雅婷欲语还羞的样子，徐伟更加喜欢雅婷了。徐伟性格沉稳，最怕那些“如狼似虎”的女孩。雅婷娇羞的模样，恰恰是他的最爱。如此相处半年之后，徐伟以一封书信表达了自己的爱慕之情。不想，雅婷看到信之后就如小鹿受到惊吓一般，足足有半个月的时间，都对徐伟避而不见。即使在校园里碰到，也会远远地躲开。看到徐伟总是找她，她迫不得已回了一封信，在信上，她居然像一个循循善诱的大姐姐一样，劝说徐伟应该以学业为重，还说爱情不是现在应该享受的。看到信，徐伟笑了，他觉得自己终于找对了人。

徐伟表示了让步，他和雅婷之间重新变回好朋友关系。他像大哥哥一样关心和照顾雅婷，只是绝口不再提关于“爱”的字眼。就这样，徐伟毕业了，雅婷也进入大四的实习阶段。这时，徐伟才说：“雅婷，做我的女朋友吧！我一直耐心地等待你长大，等待你完成学业。”雅婷害羞地笑了，什么也没说就跑开了。徐伟当然知道雅婷的心思，从第二天开始，他正式以雅婷男朋友的身份出现了。对于这得来不易的爱情，他非常珍惜。

在上述事例中，雅婷拒绝徐伟的理由冠冕堂皇，让徐伟说不出“不”字。实际上，雅婷当然也是喜欢徐伟的，不然怎么可能任由这个大哥哥对她表现出独特的关心和照顾呢！只不过，雅婷非常矜持，她不想在爱情的道路上走得太

快。很多女孩都有这样的感受，爱情，就是在朦胧的阶段最美好。

女孩们，面对爱情，矜持的你们会更加美丽哦！爱情不是快餐，没有任何爱情能够和方便面一样，开水冲泡就会散发出浓郁的香气。尤其是以结婚为目的的爱情，则更加不能仓促和草率。矜持，不但使女孩更加值得珍惜，更加娇羞可爱，也能够给予我们更多的时间观察和了解爱情的对象，让自己的爱情更加历久弥新！

心理小贴士

1.矜持不是拒绝。很多女孩面对爱情刻意拒绝，以退为进，常常给人不真诚的感觉。

2.通俗地说，矜持就是控制爱情的进度，让爱情更加平缓，不至于唐突冒进。

3.女孩的矜持往往带着娇羞的意味，会让爱你的人更加欣赏和喜爱你。矜持之后，爱情就像美酒，越酿越香醇。

永远不要得意忘形

水沸腾了，就会咕咚咕咚地冒泡，就如喷泉一般，甚至会把茶壶的盖子顶起来。人的情绪呢，一旦沸腾了，就会得意忘形，忘乎所以，甚至乐极生悲。我们必须学会控制自己的情绪，这样才不至于失去理智。纵观历史长河中的那些成功人士，他们大多数都是“谈笑间，樯橹灰飞烟灭”，始终保持理智和淡定从容。得意忘形，归根结底是个贬义词，从字面的角度来理解，就是说人因为高兴、得意，而失去理智，忘记了自己应该表现出什么样子。如此一来，必然言行不当。倘若言行不当却没有造成什么恶劣的后果，倒也无可指摘。最让人担心的是，如果说了不该说的话，做了不该做的事，那就罪莫大焉了。

在生活中，得意忘形会使人丑态百出，甚至招致反感。在工作中，得意忘形的人往往狂妄自大，自以为是。即使此前做出了一点儿小成绩，别人也会觉得他妄自尊大，见识浅薄。尤其是当给上司留下这样的印象时，着实令人担忧。由此可见，我们应该降低情绪的沸点，让自己永远不要得意忘形。也许有人会说，降低情绪的沸点，岂不是活着没有丝毫乐趣了吗？其实不然。降低情绪的沸点，只是让我们在感受快乐的同时，不要乐极癫狂，忘乎所以。古人云，凡事都要适可而止，都要适度。降低快乐的沸点，无非就是让我们适度快乐。其实，这非常符合凡事过犹不及的古训。在一首诗里，席慕容曾经感慨而发："在长长的一生里为什么，欢乐总是乍现就凋落，走得最急的都是最美的时光。"假如我们降低快乐的沸点，让自己没有那么容易达到情绪兴奋的巅峰，那么，我们就不会轻易得意忘形，与此同时，我们也会更容易得到快乐。在人的一生之中，快乐应该如涓涓细流，细水长流，而不能如黄河决堤一泻千里，否则随即而来的定然是干涸。

张伯伯在50岁那一年，检查出患了食道癌。这可是绝症啊，家里人都痛不欲生，生怕张伯伯离开他们。为此，子女们全都翻箱倒柜地拿出了所有的积蓄，聚在一起成了一大笔钱，把张伯伯送进了医院。幸好，张伯伯是中期，还能做手术。手术进行得很顺利，手术之中，为了保险起见，子女们还决定给他做化疗，这样就能把癌细胞彻底杀死了。在医院住了两个月，张伯伯活蹦乱跳地回家了，气色很好，身体倍儿棒。

然而，张伯伯是山东人，山东人喜欢吃大煎饼。刚刚病愈回家的时候，在鬼门关转了一圈的张伯伯还很小心，遵循医生的嘱咐从不吃辛辣刺激的，也不吃硬硬的煎饼，而是吃一些质地比较软的食物。然而，几个月过去了，张伯伯觉得自己的身体越来越好，便松懈起来。他逢人就说："我好了，完全好了，比小伙子还结实呢！"没多久，他就开始啃坚硬的大煎饼。尽管家人多次劝说，让他吃软和的食物，他却不以为然。而且，他觉得自己身体状况全都良好，还偷偷地不再吃药。一年过去了，张伯伯又开始觉得嗓子疼，进食困难。去医院一检查，食道癌复发了，且全身扩散。至此，张伯伯才意识到自己被捡

来的一条命捉弄了，他不应该忘乎所以。不久之后，张伯伯就撒手人寰了。

在这个事例中，张伯伯纯粹是得意忘形，乐极生悲。在这个世界上，没有真正不怕死的人。很多时候，人们之所以不怕死，是因为心里有着坚定不移的信念，相信自己付出生命的代价也是值得的。然而，张伯伯不但花光了家里所有的积蓄，还因为偷偷停药、不顾劝阻地吃质地坚硬的食物，最终导致食道癌复发，丢了性命。这样的死，是不值得的。

人生之中，我们总会遇到或悲或喜的事情。遇到悲伤的事情能够理智对待，遇到喜悦的事情能够适可而止，这才是智者所为。不管是悲伤还是欢喜，一旦超过了人体能够承受的界定，就会给我们的生活带来很大的困扰，甚至是不可估量的损失。

心理小贴士

1.生活中，有喜也有悲，才是常态的人生。

2.欢喜，也要适可而止，任何事情都符合过犹不及的定律。假如高兴得忘乎所以，就一定会失言失行，让自己追悔莫及。

3.人的身体有着非常微妙而又精细的传感系统，喜悦居然与理智相联系，这是毋庸置疑的事实。过度的喜悦会让我们的理智降低水平，甚至乐极生悲。

错误是进步的阶梯

有人曾说，人生是一个又一个的错误。看起来，说这话的人一定非常悲观消沉，似乎对人生已经参透，再无奢求。实际上，他说的是人生的真相。人生，的确是由一个又一个的错误组合而成的，就像一串糖葫芦，被糖衣包裹着穿起来。只不过，我们不能任由错误呈现，而是要改正错误，汲取经验和教训。我们所犯的每一个错误之间，都不是重复的过程，而是衔接的过程。还有人说过，人生是螺旋式地上升。即人生的路我们很多时候会重复，只不过，在重复的时候已经远远高于它的初次出现。这就是进步。是错误帮助我们实现了点点滴滴的进步，在改正错误的过程中，我们获得了经验，得到了教训，因而得以螺旋式上升。

谁的人生之中没有错误呢？除非是还没有出生的婴儿。没有错误，意味着空白。否则，一旦在人生的白纸上落笔，就必然会有错误。很多人最大的愿望就是希望自己的人生之中没有任何弯路，而是笔直地通往成功的终点。我们只能说，这个梦想太浅白。没有错误的人生就失去了意义，变得没有厚度，也没有高度。错误，是人生的重要材料之一，和进步一起铺就我们的成功之路。犯了错并不可怕，最重要的是痛定思痛，能从错误中得到进步和成长。婴儿学步的时候，常常摔倒。他们跌倒了，会再爬起来。在一个地方摔的次数多了，就会记得经过那个地方的时候要非常小心，避开障碍物。人生也是如此。同样的错误如果犯两遍，那一定是事出有因的。通常情况下，犯错就是排雷的过程。在上学的时候，每个人都曾经参加过无数次考试，老师也一定说过考试是一个发现问题的机会。平日里，我们一味地埋头苦学，很多东西自以为理解是正确的，也牢牢记住了，实际上只是混了个面熟。在一次又一次的考试中，我们知道了哪些知识是需要巩固的，哪些知识已经牢牢地记在心底，还会知道哪些知识是我们还没有掌握，需要重点学习的。如此一来，十年磨一剑，等到真正的紧要关头，我们会的知识就能为我们博得机会，改变人生。犯错就是这样的过程。

从2009年七月起，里卡多开始担任巴拿马的总统。有一天，他无意间发现护照的图案和颜色不够完美和协调，因此下令设计部门重新设计，并且让他们定稿之后报给他亲自审批。设计部门对总统亲自交代的工作非常认真，足足过去两个月，才拿出了护照样品，送给里卡多审批。里卡多对新的护照非常满意，当即下令护照管理局用最短的时间完成护照的更换。几个月之后，闲来无事的里卡多再次把护照样品拿在手里赏玩，突然，他在护照上发现了一个很小很小的错误：护照上，巴拿马的国徽上的十字叉画错了。护照上画成的十字镐是由铁锨和长柄方锤交叉而成的，实际上应该是铁锨和钉子镐。这简直是莫大的耻辱，里卡多决定承担起这个错误。他首先通知护照管理局马上改正错误，昼夜不停地赶制正确的护照，与此同时，他还从护照管理局拿到了错误护照的持有名单，足足有4万份。难以想象，这些拿着国徽都画错了的护照出国的人们，已遭受了全世界人民的嘲笑。为此，里卡多决定在电视上公开向这4万名公民表示歉意。次日晚上，里卡多走到电视镜头前，开始向民众们表示道歉。他很认真，把4万个名字一个不落地读了出来，预读整整50个小时。看到总统一丝不苟的道歉态度，全国都震惊了。为了总统的身体健康，他们纷纷打来电话，请求总统停止道歉。然而，里卡多义无反顾，继续认真地读着名字。当那些拿着错误护照身在海外的人打来电话时，里卡多说："真正的道歉，必须把名字读出来，落实到每一个人身上，否则就毫无意义。作为总统，我必须承担自己的错误，否则国家还能托付给我吗？"

在道歉进行了将近4个小时时，一位人在海外的国民打来电话，对里卡多说："总统先生，假如您不能虚心采纳民众的建议，我们日后还有发言权吗？"听到这句话，里卡多才若有所思地抬起头，问："你们发自内心地想要原谅我吗？"那位国民毫不迟疑地说："总统先生，每个人都接受了你最诚挚的道歉。"

这句话让巴拿马举国沸腾，守在电视机前的观众们纷纷喊道："总统先生，我们接受你的道歉。"此时，里卡多才停止读名字，对着镜头深深地鞠躬，说："谢谢大家！"

里卡多采取的方式的确震撼人心，这样的改正错误的方式，不但让他避免以后再犯类似的错误，也给每一位政府官员和国民，都上了很好的一课。犯了错误并不可怕，最重要的是能够吸取经验和教训，今后不再犯同样的错误。采取正确的态度和方式对待错误，错误就会成为我们进步的阶梯，帮助我们更快地成长和成熟起来。

生活中的人们，在人生的道路上，更是必然伴随着错误。只有不逃避，不回避，坦然面对错误，从错误中吸取经验和教训，错误才会为我们的成功添砖加瓦。这个世界上，不犯错误的人肯定是神，但是世界上是没有神的。所以，没有任何人能够摆脱错误而存在。对于错误，我们不用唯恐避之不及，只要坦然面对，勇于改正即好。

心理小贴士

1.不犯错误的是神，不是人，而神是根本不存在的。

2.每个人都会犯错，只要正确对待，错误就会成为我们成长和进步的阶梯。

3.错误，是进步的阶梯，是暴露问题的过程。它帮助我们反省自身，更加趋向于完美。

必要时，对自己喊“停”

如今备受关注的股票市场，既有跌停，也有涨停，让股民们的小心脏备受折磨。其实，这样是一种保护机制，能够让一切都处于可控的范围内。最近人们常说股民的脸就像五月的天，时而欢喜，时而悲戚。的确，人生也如这股票市场一样，尽管人生短期内很少有大起大落，但是却常常面临着变化。这些生活的改变或者是受到我们欢迎的，是我们所期盼的，或者是被我们排斥的。对于这些变化，我们的心情也如晴雨表一般，时而艳阳高照，时而大雨瓢泼。就像前面所说的，要降低快乐的沸点，一则是让自己得到更多的快乐，二则是避免自己得意忘形，乐极生悲。那么对于悲伤的情绪呢，也同样需要叫停。

假如一味地陷入负面情绪之中，我们就会越来越绝望，越来越悲伤，直至放弃努力，听天由命。在人生的路上，没有任何人的成功是从天而降的。不管是在顺境，还是在逆境，我们都必须坚持不懈地努力，才有可能迎来柳暗花明。由此可见，对于负面情绪，也需要喊停。鲁迅笔下的祥林嫂，很多人都知道。祥林嫂失去孩子之后，一生之中都沉浸在悲伤的情绪中，从未走出那个悲剧的笼罩。孩子被狼叼走了，的确是每一位母亲都难以承受的生命悲剧，然而，生活必须继续，再悲伤也要从悲情中走出来，才能重新开始。人生就像股市，当遇到巅峰或者遭遇谷底，都要适时喊停。

她的命运非常坎坷。在她5岁的时候，她就失去了父亲，后来，母亲也因为家庭生活的艰难，带着妹妹离家出走。就这样，年幼的她不得不和爷爷奶奶相依为命，每天走十几里山路去读书。然而，命运并没有放过这个可怜的生命。在她12岁那年，一场车祸残忍地夺去了她的双腿。那段时间，她无数次想到了死。她真的失去了生的勇气，不知道命运还要给她怎么样的捉弄。爷爷奶奶泪流满面，把家里的房子卖掉，才把她从车祸带来的死亡阴影中拯救出来。从此之后，他们一家三口借住在村头的茅草屋中。

那年的大年夜，她一辈子都忘不了。七十多岁的爷爷为了给她改善伙食，凿冰捕鱼。看着爷爷因为棉袄湿透而冻得浑身发抖，却守在灶台前给她熬鱼汤，她的心颤栗了。当奶奶颤颤巍巍的把鱼汤端给她，当她喝到第一口鲜美的鱼汤，她的心突然变得坚强起来。她笑着对爷爷奶奶说："爷爷奶奶，放心吧，从现在开始，我再也不想死了。我要活着，我要努力长大，买鱼给你们熬鱼汤喝，给你们养老送终。放心吧，一切困难都已经过去了，至少在我心里已经过去了。从现在开始，我要努力地活着，好好学习，考上大学。"听了孙女的话，爷爷奶奶老泪纵横。

自从说完那些话，她真的忘记了苦难。曾经厌食的她大口大口吃着奶奶给她做的粗茶淡饭，整个数九寒冬都喝着爷爷凿冰捕鱼做的鱼汤。很快，她的身体恢复了体力，脸色也一天一天红润起来。开春的时候，她和大多数孩子一样去学校读书了。没有轮椅，刚开始是由爷爷用平板车把她拉去学校，后来，她让爷爷给她做了一个能够用手支撑的板凳，自己一步一步地朝学校挪去。就这样，寒来暑往，她不但凭借顽强的毅力读完了初中，还读完了高中，考进了大学。她的人生，不再因为失去双腿而止步不前。

在这个事例中，"她"喝了爷爷的鱼汤之后，显然明白了一个道理：生活还要继续，一切困难终将过去。因此，她当机立断对自己的悲伤绝望“喊停”，唯有如此，她才有勇气迈过心里的坎，继续艰难的生活。也为了年迈的爷爷奶奶，她只能选择坚强。

生活中的人们，每个人都会遇到不如意的事情。其中，有些事情本质上是微不足道的，只是因为我们的情绪，使得它们被无限放大。当然，有些事情的确是灾难，就像上述事例中的主人公一样。即便如此，我们也得朝前看，而不能一味地沉浸在悲伤之中。

心理小贴士

1.股票市场有跌停涨停，人生也需要喊停，这是一种保护机制。

2.人生总有阴晴圆缺，重要的是，人活着，一切就得继续。

3.生是一件比死艰难若干倍的事情，很多人有勇气死，却没有勇气面对生活。真正的强者，从不害怕活着。他们内心强大，敢于面对所有的灾难和挑战。

4.何时对自己“喊停”，时机完全由你把握。

你最大的敌人是自己

在张艺谋执导的《红高粱》中，巩俐一举成名，从此成为国际巨星。与此同时，主题曲也在一夜之间红遍祖国大地。面对日本侵略者，面对即将失去的生命，只有战胜内心的恐惧，才能做出英雄的壮举。“妹妹你大胆地往前走，往前走，莫回呀头；通天的大路，九千九百，九千九百九呀……”人性有很多弱点，在面临危险和恐惧时会不由自主地产生退缩的心理。这是天生的本性——怯懦在作怪。其实，人要是想进步，最需要突破的就是人性的局限。人类之所以成为地球的主宰，成为万物的灵长，就是因为人很聪明，知道要进步，要变得强大，就必须战胜本性。

从某种意义上来说，自己是我们给自己画就的牢笼。就像孙悟空在外出寻找食物的时候，会给唐僧画一个圈一样，我们也给自己画地为牢，给自己设定了安全的范围。我们总是在自己画的圈里面活动，以此保障自身安全。不到万不得已，我们不会走出这个圈。实际上呢？我们就是井底之蛙，只能看到圈内的小小天地。因为处于圈内，我们根本不知道外面的世界有多么精彩，也不知道其实天大地大到处都是家。直到有一天，那些渴望成功的人勇敢地打破牢笼，张开翅膀，在广阔的天地里自由翱翔。有些人，一辈子都只能在这个圈里看着外面的天，止步不前。

从内部来说，我们需要战胜自己，才能有所成长和进步。很多人喜欢和别人比较，实际上是完全没有意义的。如果他人非常成功，你只能仰望，而触不可及，那么你将其设为自己进步的目标显然不现实。反之，如果被你设定为奋斗目标的人原本就水平很低，甚至不如你，那么你很快就会沾沾自喜，裹足不前。最合理的比较，是与昨天的自己比较。没有人能够一蹴而就获得成功，你也不例外。所以，你应该脚踏实地，每天都踏踏实实地活着。你只要比昨天的自己有所进步就好，就说明你没有原地踏步，更没有退步。如此一来，日久天长，你就会在成功的道路上越走越远，距离成功也会越来越近。

有个叫夏洛尔的美国推销员，不但身材矮小，而且非常胆怯。很多人都说他根本不适合从事推销员的工作，因为他毫无特色，站在人群中一点儿都不起眼，根本无法让顾客注意到他。为此，他非常自卑，总觉得自己能够养活自己，就已经非常了不起了。因为这种想法在作怪，他在工作的时候始终不能全力以赴，业绩一直不好。其实，他每天早晨出门去公司的时候，妈妈都会叮嘱他："夏洛尔，你一定要不遗余力地去工作。否则，你还不如待在家里呢！"即便如此，夏洛尔依然对工作提不起兴致，因为他认定不管自己怎么努力，都无法改变现状。在心底里，他只求上司不要把他开除就好。

没过多久，夏洛尔担心的事情终于发生了。上司找他谈话，对他在工作上的表现非常不满，还给他下了最后通牒："夏洛尔，我觉得你之所以工作上表现平平，就是因为你对待工作漫不经心，而且你也没有真正了解销售是一份怎样的工作。如果你想继续留在公司，你必须参加培训，系统地了解销售，并且真正爱上销售。”夏洛尔非常沮丧，他如果不参加培训，就会失去工作。找来找去，他参加了由一个销售大师主办的培训班。当为期一个月的培训班结束之后，这位培训大师找到夏洛尔，郑重其事地说：“你太浪费自己的才能了！”夏洛尔不知所以，问：“老师，您为什么这么说呢？”培训大师说：“你知道吗？你是我见过的最适合做销售的人才之一。但是，你却对自己定位太低。假如你能全心全意地投入销售工作，在不久的将来，你必定能够获得成功，做出伟大的事业。”

听了老师的话，夏洛尔受宠若惊。在此之前，只有妈妈给他鼓励，如今，这位赫赫有名的培训大师却给他如此之高的评价。这几句话的评价给夏洛尔带来的震撼远远超过了妈妈这么多年来对他的鼓励。后来，他坚定不移地相信自己一定能够成功，果不其然，没过几年就以优异的销售业绩创造了公司的销售神话，他也理所当然地晋升为公司的销售总监。

在这个事例中，夏洛尔之所以一直默默无闻，在工作上表现平平，就是因为他给自己画地为牢。心的高度，决定了人生的高度。如果一个人觉得自己不管怎么努力，也不会有更出色的表现，那么他就会放弃自己，不再努力。与此相反，假如一个人在内心深处坚信自己一定能够成功，即使最终达不到自己理想的高度，也一定能够不断突破自己，不断进步，不断成长与成熟。

生活中的人们，你们要想像夏洛尔一样突破自己，战胜自己，就一定要有坚定的信念。也许现在的你们也和曾经的夏洛尔一样不相信自己，把自己定位太低。那么，此时此刻，就赶快思考自己的人生，重新给自己定位吧。人们常说，心有多大，舞台就有多大。这句话非常有道理。很多时候，我们想考100分，结果考了99分。相反，假如我们只想勉强考及格，那么我们的成绩也许只有四五十分，甚至更低。目标的实现需要顽强的毅力，坚持不懈地付出，也需要极大的野心。趁着年轻，赶快扬起人生的风帆吧！

心理小贴士

1.心有多大，舞台就有多大。我们在心里对自己的定位，决定了我们人生发展的高度。

2.人在一生之中，既不能妄自尊大，也不能妄自菲薄。如果自己都看不起自己，那么别人就更加看不起我们了。

3.人，最大的敌人是自己。我们如果战胜了自己，就会获得质的飞跃。自己是自己的禁锢，只有突破禁锢，才能展翅翱翔。

第03章
拥有让自己幸福的能力，别奢望他让你涅槃重生

人们常常把幸福的希望寄托在别人身上，其实，只有自己才能给予自己幸福。曾经有人调侃，靠山山会倒，靠人人会跑。虽然这句话纯粹是句玩笑话，却让人在欢笑之余难免泪光闪闪。现实的确如此，大山巍峨，却终有倒塌的那一天。相爱的人爱得死去活来，一旦爱情不在，难免应了那句“夫妻本是同林鸟，大难来临各自飞”。世界上的确不乏同生共死的爱情，却也有很多痴情人遇到绝情人的悲剧。既然如此，我们在爱的同时，依然应该让自己拥有把握幸福的能力。

爱情的弯路，也许带给你柳暗花明的人生

人生的路上有很多弯弯绕绕，这就导致我们原本直线距离很快就能到达的目标，花费了无数的时间和精力，却依然遥遥无期。有人曾说，人生最重要的不是抵达目标，而是在实现目标的过程中感受到的喜怒哀乐和欣赏到的沿途景致。的确如此，假如人生就像火箭炮一样眨眼之间就抵达了终点，那么活着还有什么意思呢？虽然我们在活的过程中感受到了喜悦，也承担了很多痛苦，但是只有这样的喜怒哀乐皆有的人生，才是真正充实和有意义的人生。

爱情是人类永恒的绝唱，没有任何一种感情比爱情更加美妙，更加让人心动。爱情也如人生一样，有很多弯路。很多人喜欢一见钟情、一拍即合的婚姻，其实，得来不易的感情更让人珍惜。很多时候，我们在爱情上付出了很多，也的确有了收获；更多的时候，我们在爱情的路上绕来绕去，最终却一无所有，这就是爱情的弯路。这些弯路虽然让我们失去了很多，却也可能改变我们的人生，给我们的人生带来更多的契机。重要的是要知道，爱情虽然很重要，却不是生活的唯一。无论爱情的结局如何，我们都必须勇敢地面对生活。只有不放弃希望，人生才能柳暗花明。

李静从师范大学毕业后，原本准备去南方城市找工作，但是妈妈却万般阻挠。原来，李静这一届是最后一届包分配工作的，妈妈总觉得放弃了分配的正式工作，大学文凭就变成了废纸。在妈妈的坚持下，李静回到了家乡，在村子里当了一名初中老师。对于在大城市读完大学的李静来说，工作的日子就像

是坐牢。每天，她都在办公室、教室和宿舍之间三点一线地生活，生活半径不超过五百米。一年之后，她就萌生了辞职的念头。然而，爸爸妈妈依然极力反对。就在此时，班级里一位孩子的妈妈来找李静，说要给李静介绍男朋友。原来，她要介绍的人是她的小叔子。据介绍，她的小叔子现在在上海，是在上海读的大学，如今在上海当工程监理，自己也有一个小小的施工队。对于迫切想逃离村子的李静来说，这样的契机可遇而不可求。当李静把男孩的条件和爸爸妈妈说了之后，爸爸妈妈也动摇了。他们想：凭借家里的人脉关系和经济实力，要想把李静调动到县城根本是不可能的，那么她一辈子都要待在农村当个教师，最终肯定也会找个农村的对象，那就一辈子在农村安家落户了。如果能跟着这个男孩去上海，那么以后的人生肯定会更好。而且，结婚之后和丈夫一起去上海，爸爸妈妈也就不担心了。就这样，在经历了传统的相亲之后，虽然爸爸妈妈不太满意那个男孩身材矮小，在李静的坚持下，却也勉强同意了。

这样的婚姻虽然没有太深厚的感情基础，李静却想好好地过完一生。不想，到了上海之后，她才发现丈夫脾气暴躁，很容易就会发怒发火。对待李静，他就像对待一个陌生人，毫无感情可言。几个月之后，李静感受到了痛苦。当她又一次和丈夫吵架之后，懊悔地哭着给爸爸妈妈打了个电话。爸爸妈妈得知宝贝女儿受苦了，第一时间赶到上海。看到女儿住在工地的简陋工棚里，爸爸妈妈后悔万分，懊恼自己当初不应该同意这门亲事。没过多久，李静就在爸爸妈妈的支持下离婚了。因为不放心女儿一个人留在上海，女儿又不愿意回到家乡，所以，爸爸妈妈也陪着女儿留了下来。从此之后，他们一家三口在上海分别都找到了工作，开始了奋斗的历程。

李静非常努力，她找了收入比较高的销售工作。几年之后，李静就攒了一些钱。再加上爸爸妈妈的收入，他们付了首付，在上海郊区买了套房子。勤奋的李静还吸引了销售主管的注意，30岁的主管非常欣赏李静的顽强和拼搏，最终对李静展开了追求。当李静把新男友带回家的时候，爸爸妈妈乐得嘴巴都合不拢了。这个男孩不但有事业心，而且一米八五的身高，身材魁梧，长相端正，一看就是值得托付一生的人。相处一年多之后，李静再次步入婚姻，这次的她就像是掉进了蜜罐里，尽情地享受着爱情的美好和婚姻的幸福。

李静虽然经历了一次错误的婚姻，把自己的一生托付错了人，但是从不屈服的她却借此改变了自己一生的命运。假如她一直留在家乡当乡村教师，那么一辈子必然都留在农村，到死也不会甘心。如今的她不仅和爸爸妈妈一起在上海安了家，还找到了心仪的结婚对象，让爸爸妈妈都非常满意。

人生，就是一个改变接着一个改变。这些改变，或者是好的，或者是坏的。只要我们不管遇到什么事情都坚持努力，从不放弃，那么即使在厄运之中，我们也能坚强地站立起来，成就自己。爱情的确很重要，但却不是我们活着的唯一目的。很多时候，我们选择了一段错误的感情，因此而受到伤害，那么一定要及时改正错误，给自己重新开始的机会。谁能说，错误的开始和正确的结束，不能成就你人生的柳暗花明呢？！

心理小贴士

1.感情和人生一样处于不断的变化之中，无论发生怎样的改变，我们都要从容应对。唯有如此，我们才能给自己机会重新开始。

2.机会隐藏在很多事情的背后，很多时候看似是错误的，也许就能给我们带来新的契机。任何时候，都不要放弃。

3.人们常说，女人有两次投胎，一次是出生，是无法选择的，还有一次是结婚，是可以选择的。这两次投胎都是影响我们人生的重大事件，必须慎重考虑。

4.改变并没有我们想象得那么可怕，只要我们坦然面对，就能顺势而为。

幸福，需要自己去争取

很多人都在追求幸福，幸福到底是什么？有些人觉得住大房子开好车是幸福；有些人觉得嫁个好老公是幸福；有些人觉得升官发财是幸福；有些人觉得家人平安健康是幸福；有些人觉得拥有知心好朋友是幸福……如果说一千个人眼中就有一千个哈姆雷塔，那么一千个人眼中就有一千种幸福。幸福，是一种没有标准和定义的感觉。在追求幸福的路上，有人轻轻松松就找到了，满心欢喜；有人寻寻觅觅而不得，痛苦不已。其实，能否找到幸福主要取决于我们的内心。欲望多的人往往不容易觉得幸福，因为他们始终无法感到满足；欲望少的人很容易就能得到幸福，因为他们总是感到满足。

幸福如何才能得到呢？当我们降低欲望，让心变得简单，幸福也就接踵而至了。幸福就像是我们的小尾巴，只要我们不断地在人生的道路上前行，幸福就会始终尾随我们。然而，很多人，尤其是恋爱中的女人，常常把幸福交给他人把握。这样做是非常危险的。现代社会男女平等，女性撑起了半边天。所以，女性不再像封建社会中一样，嫁鸡随鸡，嫁狗随狗，也不再以父为纲，以夫为纲。女性拥有了独立自主的权利，社会也给予女性极大的尊重和发展的空间。如今的女性，完全可以和男性平分秋色。既然如此，为什么要把幸福的权利交到别人手里呢？有的女性也许会说，既然彼此相爱，就应该付出所有。前文我们就曾说过，女性在爱情中不要做攀援的凌霄花，而要成为与大树比肩而立的木棉。没有爱情能够长久保鲜，当我们青春不再，容颜老去，又靠什么对另一半保持吸引力呢？那就是我们的独立自强，坚定不移，还有我们的魅力。失去自我的女性与魅力无缘，只有保持经济独立，人格独立，才能保持魅力，让爱情关系长久保鲜。所以，女性朋友们，在爱情之中，我们一定要为自己争取幸福的权利，而不要把决定自己是否幸福的生杀大权交到别人手上。不管爱得多么深沉炽烈，我们首先要成为自己，才能更好地去爱与被爱。

还有很多女性，依然保留着传统的思想。明明心里有了喜欢的人，却总是不敢主动说出来。在以男性为主的封建社会，女性不得不压抑自己的感情，成为任人摆布的棋子。然而，现代社会讲究男女平等，即使在爱情这方面，女性也可以做到和男性一样勇敢表白。很多女性朋友担心如果表白遭到拒绝，会很没有面子。其实，相比一辈子的幸福，面子有那么重要吗？退一万步说，即使被拒绝了，也不是什么丢人的事情。爱情原本就是两情相悦，一厢情愿肯定不会幸福。对于一个你爱他而他不爱你的男人，聪明的女性都会选择放弃，而不会一条路走到黑。所以，勇敢表白吧，你要为自己争取幸福啊！

米娜和刘刚是大学同学。原本，他们只是普通同学关系，然而，自从那次米娜看到刘刚在篮球场上英姿飒爽的身姿之后，就暗暗地喜欢上了高大帅气的刘刚。刘刚呢，自然是个万人迷。他不但是篮球场上的“王子”，还是大家公认的校草。有很长一段时间，米娜都沉浸在单相思之中。她很自卑，总是想：刘刚那么优秀，那么帅气，又有那么多女孩子喜欢他，他一定不会接受我这个灰姑娘的。有一次，米娜把自己的心事告诉了好朋友微澜，微澜听到之后极力鼓舞米娜表白。微澜说：“米娜啊米娜，你还是我认识的那个天不怕地不怕的米娜吗？一个小小的刘刚就让你变得胆怯了，这可真不是我心目中的你。刘刚有什么呀，不就是个子高一点儿，人帅一点儿嘛！你看看你，高考的文科状元，才华横溢，写得一手好文章。他要是拒绝了你，就说明他不值得你喜欢！”在微澜的鼓励下，米娜决定表白。

米娜文思泉涌，又加上长久单相思的酝酿，所以洋洋洒洒地很快就写了一封长长的情书。她鼓起勇气，把这封情书当面交给了刘刚。之后的三天，米娜忐忑极了：刘刚会以怎样的方式拒绝我呢？我会不会死得很难看？我一定会很丢人吧！不想，三天之后，刘刚送给她一封更厚重的回信。看完这封信，米娜不由得心花怒放。原来，刘刚早就喜欢上了笔下生花的米娜。他在信里说：“只有心灵美好的女孩，才能写出那么美丽的文章。我收集了你所有的文章，努力让自己变得更优秀，只为了配得上那位有才情的女孩……我根本不敢表白，因为在腹有诗书气自华的你面前，我觉得自己是那么渺小。”米娜第一时间去请微澜吃饭，她说：“你可真是我的好姐妹，如果不是你，刘刚也不敢表白，我也不敢表白，那我们再有一年大学毕业之后，就生生地错过了。”微澜笑着说：“我就说吧，不争取怎么能甘心呢！幸福都是争取来的，你赶快去找你的白马王子吧！”

很多时候，命运并非对我们不够眷顾，而是因为我们的忧思阻碍了我们开展实际行动，最终导致我们与机缘失之交臂。故事中的米娜的确应该感谢微澜，不管她和刘刚最终的结果如何，大学校园里的爱情都是人生最美好和宝贵的财富。正是微澜的鼓励，让她鼓起勇气，勇敢地迈出了第一步。

年轻的女孩们，不要被传统落后的思想禁锢。爱情中，彼此双方都是平等。既然我们始终把男女平等挂在嘴边，自然就要以实际行动去证实。有很多女孩担心自己主动发起追求会显得不够矜持，其实，勇敢才是爱情的本色。当你们幸福地生活在一起，你的爱人一定会感谢你曾经的勇敢。

心理小贴士

1.每个人都在追求幸福，幸福是什么？幸福就是我们对于人生的感受。

2.每个人对于幸福的定义都不相同，对于女性朋友来说，很多人最大的幸福来源于爱情和婚姻。

3.作为女性，保持独立，不但能够延长爱情保鲜期，而且可以使夫妻关系更加稳固。

4.勇敢的女性非但不会显得不够矜持，还会使爱她的人更加爱她。爱情的道路上，不管谁先迈出第一步，都不会影响爱情的甜蜜。

看似云淡风轻，都曾经历刻骨铭心

生活中，每个人从表面上看起来都很平静。如若没有难以接受的事情，他们就这样淡然地工作、生活，仿佛自己的内心无比强大，波澜不惊。其实，他们之中有很多人内心正在经历着巨浪滔天的翻滚，也有些人是除却巫山不是云，只有少数人是真正的心境平和，安然自得。爱情就像一场重感冒，没有几个回合的反复，似乎很难决定是继续感冒下去，还是恢复正常的状态。在爱情中经历过涅槃的女性朋友们，总是千疮百孔，覆水难收。谁不愿意把最美好的感情在最对的时间托付给最对的人呢？然而，造化弄人，一切都让我们措手不及。

当刻骨铭心的爱情成为过往，当千疮百孔的心结疤而变得就像穿了一层厚厚的盔甲，我们的脸上再也不会表现出对爱的渴望。我们用云淡风轻的脸掩饰自己的内心，压制自己对于爱的渴望。这样的女人，让人心疼，也变得遥不可及。爱情就像是一把双刃剑，伤了过去，也伤了现在。

前段时间，我见到了闺蜜一米。她刚刚去香港血拼回来，知道我一直想拥有一款护肤品，就去免税商店买来送我。十几年来，我们已经由普通闺蜜升级为骨灰级闺蜜，所以，对于她刻骨铭心的过去，我从来不吝啬提起。她的兴致看起来不错，我问她："在香港都买什么了？"她漫不经心地说："给自己买了一款包包，一块手表，几套今年最新款的时装，还给儿子买了些玩具，一共花了十五六万吧。"我继续追问："给他买东西了吗？"一米淡淡地说："没有。他一个大男人需要什么呀，什么也没买。"看着眼前这个衣着摩登、妆容精致的一米，我想到了几年前。那个时候，一米去香港从来不给自己买东西。她总是大包小包地买给老公和儿子，似乎全然忘记了自己。当时，一米从事销售业务员的工作非常辛苦。但是，她从不叫苦，更不叫累。她老公在事业单位，是公务员，收入虽然稳定，却少得可怜。因此，家里要想改善生活条件，只能依靠一米奋力拼搏。一米非常节俭，在老公和儿子身上花钱都舍得，唯独不舍得在自己身上花钱。

一个偶然的机会，一米发现老公有了外遇。她义无反顾地提出了离婚，不愿意委屈自己。离婚之后的几年，一米继续努力工作，给儿子上最好的学校。当然，就像如今坐在我面前的她一样，她最大的改变就是舍得给自己花钱了。所以，离婚这几年，一米非但没显得苍老，反而显得更加年轻时尚了。去年，几次相亲都担心对儿子不好的一米，偶然和前夫重逢。彼时，她的前夫也单身着。看到一米的变化如此之大，前夫不禁对她刮目相看，居然展开强烈攻势开始追求她。考虑到孩子需要亲生的爸爸，一米半推半就地同意了。但是，她对前夫的感情却再也回不到从前了。

看着眼前这个貌似毫不在乎的一米，我的心很疼。我知道，每一张云淡风轻的脸背后，都隐藏着刻骨铭心的过往。我暗暗祈祷，一米能够重新爱一个人，真正地再次拥有爱情。

对于前夫的薄情寡义，一米在感受到刻骨铭心的痛苦之后，已经封闭了自己的内心。如今的她虽然同意和前夫复婚，但也只是想给孩子找个亲生的父亲，另外也因为自己没有遇到合适的结婚对象。虽然同意和前夫复婚，但是她已然不再抱着爱的态度，而是和前夫搭伙过日子的想法在起主导作用。

女性朋友们，爱情的伤的确痛彻骨髓，甚至让我们变得不敢再相信男人。然而，如果你正当青春，如果你的人生还有漫长的未来，那么一定不要用冷漠封闭自己的内心。爱情，是命运赐予所有人最珍贵的礼物，每个人都应该有权利畅享爱情的甜蜜。我们应该积极地为自己疗伤，然后寻找真正适合自己的恋人。

心理小贴士

1.很多时候，受过伤害的女人不是不爱了，而是不敢再爱了。最可怕的不是被爱情的痛苦所折磨，而是对爱情失去希望。

2.爱情就像重感冒，感冒再严重，早晚也会好的。

3.伪装坚强当然可以，但是不要蒙蔽自己的内心。每个人都向往爱情，这是人之常情。即使在婚姻中走过弯路，也依然有追求爱情的权利。

“我爱你”需要用一生去验证

对于恋爱中的人来说，最美妙的语言就是“我爱你”。这三个字说起来很容易，却有着神奇的魔力，能让人们瞬间坠入爱河，为爱情赴汤蹈火。然而，我们要提醒广大女性朋友的是：爱，不但要说出来，更要切切实实地做到。爱情永远不能仅仅凭借三寸不烂之舌来表白，而应该用实际行动证明。爱情不是空中楼阁，不是水中月镜中花，而是柴米油盐酱醋茶中的浪漫和相守。在现实生活中，很多女性一听到“我爱你”这三个字，就会马上失去理智，似乎上天注定的好姻缘就在眼前，如果不抓住，就会马上溜走再也不出现。其实，真正的好姻缘哪里会悄悄溜走呢？古人云，千里姻缘一线牵。真正的好姻缘，即使遭受很多挫折和磨难，也会终成眷属。所以，千万别被“我爱你”这三个字冲昏头脑，毕竟这三个字太简单，只要不是哑巴，都可以轻轻松松地说出来。

我爱你，好说，难做。爱情，是需要用尽一生去验证的事情。真正的爱情，爱的不只是青春靓丽的容颜，也是暮年时深深的皱纹；爱的不仅是显而易见的优点，也是那带着三分可爱的缺点。古话说，情人眼里出西施。如果你真正爱一个人，你就能够接受她的不美好，即便她很丑，在你眼中也是天使。人生太漫长了，当用一秒钟说完“我爱你”这三个字之后，我们必须用尽长长的一生去兑现。在人生之中，人们难免遭受贫困、疾病、意外的折磨，只有经历重重考验的爱情，才是真爱。女性朋友们，当听到一个男人对你说“我爱你”时，先不要忙着高兴，看看他是如何把这三个字落实到行动上的。顺境时的相互扶持是很容易的，还要看看他在遇到困难的紧急关头，能否承担起爱人的责任。总而言之，没有携手到夕阳的爱情，不算是真正的爱情。

太爷爷和太奶奶今年已经百岁了。作为村子里的百岁老人，他们俩的爱情故事被人传为佳话。当年，他们也是奉父母之命，媒妁之言成婚。结婚的时候，太爷爷18岁，太奶奶17岁。后来，日本鬼子侵略中国，太爷爷丢下太奶奶和六个孩子，独身一人去参军。连续七八年的时间，他都没有回家。对此，太奶奶毫无怨言，一个人拉扯大孩子，给公婆养老送终。守着家，等待太爷爷归来。然而，太爷爷回来的时候失去了双腿，是被人抬回来的。太奶奶又开始伺候太爷爷，这一伺候，就是几十年。其间，太爷爷几次病危，太奶奶都夜不能寐地守在床边，给昏迷的太爷爷讲述这一辈子的风风雨雨、沟沟坎坎。太爷爷似乎能听见，太奶奶讲得时间长了，他就会艰难地抬起沉重的眼皮，从鬼门关转回来。

如今，已经百岁的他们子孙满堂。他们很自立，能自理的事情从来不麻烦孩子。每天夕阳西下，太奶奶都会把太爷爷推到院子里，一起看夕阳。在人生的风风雨雨中，他们一起携手走过，执手不离。

太爷爷和太奶奶的爱情让无数人感动。他们虽然一生之中从未说过“我爱你”，但是他们用行动诠释了“我爱你”的真谛。和现代的年轻人动辄烛光晚餐、抱着一大束玫瑰求婚相比，他们的爱情毫不逊色。有人曾说，陪伴是最长情的告白。这句话非常有道理。所谓爱情，轰轰烈烈的时候虽然惊天动地，却不能让人感受到地久天长。在人漫长的一生之中，风雨无阻地执手不离，才是最让人感动和羡慕的。

丽娜离婚后，一直一个人带着女儿生活。女儿非常乖巧，似乎感受到家庭的变化，因此非常听妈妈的话，很少给妈妈惹麻烦。丽娜至今依然爱着前夫李军，她知道他是个好人，只是不愿意违背他妈妈想要孙子的意愿，无法接受他妈妈以死相挟，才选择了离婚。因为觉得愧对妻子和女儿，李军经常来干些重活儿，帮助丽娜减轻生活的负担。

后来，李军按照他母亲的意愿又娶了妻子，然而，这个妻子生的依然是女儿。为此，李军非常懊悔当初和丽娜离婚。天有不测风云，人有旦夕祸福。后来，李军检查出患了胃癌。他的现任妻子马上就收拾行囊，带着孩子回了娘家，并且提出了离婚的请求。得知这个消息后，丽娜哀求婆婆允许她照顾李军。看到儿子日渐衰弱的身体，婆婆给丽娜道歉，并且把丽娜接回了家。丽娜把自己的房子卖掉，给李军做了手术，还进行了化疗。在丽娜的精心照顾下，李军居然奇迹般地康复了。如今，他们一家三口幸福地生活在一起，婆婆也发自内心地接受了丽娜。

上述事例中，前妻和后妻谁是真爱，明眼人一看就知道了。丽娜才是真正爱李军的人，所以在得知李军身患绝症之后，她非但没有因为离婚不管不顾，反而卖掉房子给李军治病。这样的爱就叫患难见真情，命运一定会被这样的爱情所感动，让丽娜和李军一生相守。

女性朋友们，爱情是双方的。任何一方不够真诚，吝啬付出，都会让爱情之花褪色。唯有全心全意地付出，用心浇灌爱情之花，才能守得爱情地久天长。

1.说我爱你只需要一秒，做到却需要漫长的一生。

2.顺境中的爱情如盛开的花朵，唯有经过风雨的洗礼，才会更加顽强。

3.爱情，是双方的付出和相守；陪伴，是爱情最美好的语言。古人云，执子之手，与子偕老。

爱，要有所保留

和所有的人际关系一样，相爱的人交往的基础也是彼此信任。如果缺乏信任，他们就会互相猜忌，直至感情破裂。当然，在此基础之上，相爱的人还应该志同道合，有着共同或者相似的兴趣，能够不谋而合，最起码不会南辕北辙。很多人觉得爱人之间的关系是私密的关系，实际上，爱人之间的关系也是社会关系。相爱的双方，首先作为独立而又成熟的个体存在，才能在相爱的过程中为自己和对方负责。有些女性觉得，爱一个人就是占有，应该全天24小时地监控甚至是操纵对方。记住，你的爱人不是机器人，他有自己的想法和主见，倘若他一味地依附于你，只怕你会瞧不起他。那么，你就要接受他首先是他自己，其次才是你的爱人。爱情就像流沙，越是紧紧地攥在手心里，越容易溜走。因此，爱情需要空间。只有两个彼此独立又相互依存的个体，才能更从容自在地享受爱情。

还有些人觉得，爱情应该是彻底地坦白。试问，谁在内心深处没有自己的隐私和小秘密呢？有的时候，强制性侵入别人的私密空间，未必能够了解什么，只会让自己的心里更加沉重，这个世界上总是有善意的谎言，聪明的女人宁愿被骗，以保全爱人或者出于好心或者出于虚荣心的面子。男人总是很爱面子，为了面子，宁愿受委屈，宁愿一个人默默承受。在这样的情况下，聪明的女人不会强行进入男人的领地，霸占属于他的小秘密。同样的道理，对于女人自身来说，未必是什么都毫无保留地说出来才最好。打个比方来说，相爱的两个人就像是两个圆，他们有一部分是交叉重合的，但一定不会是完全重合成一个圆。我们在祝福爱情的时候常常说永结同心，却从未说好成一个人。因此，女人们在婚姻中除了不要私自侵犯男人的领地之外，还要保留自我。很多女性朋友都觉得，在爱情之中，只要毫无保留地付出，就一定能够赢得对方的真心。事实恰恰相反。毫无保留地付出，失去自我，只会让男人避之唯恐不及，因为这样的一个女人必然全身心投入、一天24小时地看着他，盯着他。从内心深处来说，很少有男人希望自己所爱的女人变成全职家庭主妇，相反，他们希望这个女人能有自己的工作和事业，有自己的兴趣爱好和人际圈子。这样，他们可以各自寻找自己的乐趣，也可以一起享受生活的乐趣。总而言之，相爱的两个圆既要彼此交叉和重合，又要有各自的保留和空间。如此，爱情才能长久保鲜，相爱的人才不会在短时间内就彼此厌倦。

近来，苏菲娜的婚姻生活频频亮起红灯。原来，她老公陈强的事业上出现了问题，每天都情绪暴躁。回家之后， 陈强不是看这里不顺眼，就是看那里不顺眼，总是百般挑剔。刚开始，苏菲娜考虑到陈强事业不顺，心里郁闷。然而，看到陈强总是故意挑刺和找碴，苏菲娜终于忍不住和他吵了起来。吵着吵着，感情越来越淡漠。

一次闺蜜聚会的时候，大家都羡慕苏菲娜有个能挣钱的好老公，住着大别墅，开着好车。苏菲娜诉苦道："你们谁要，送给你们？"一个闺蜜惊讶地问："哎哟，你们之前可是模范夫妻啊，怎么，你真的舍得送出去？"苏菲娜苦笑着说："你不知道，我家里现在就像是战场，几乎每天都会爆发战争。有的时候是口舌之战，有的时候家里的东西都被扔得乱七八糟的，我甚至都想离婚了。"说完，苏菲娜把他老公最近的反常告诉了大家。这时，另外一个闺蜜迫不及待地说："苏菲娜，我知道怎么治疗这种症状，因为我老公在去年换工作前后也曾经有段时间是这样的。”苏菲娜欣喜地说：“真的吗？你真的知道男人为什么会这样吗？”那个闺蜜胸有成竹地说：“当然，我不但知道这是为什么，还知道怎么治疗呢！我告诉你，男人也会有特定的心理周期，就像女人的生理周期一样。每到这个时候，他们就变得很有攻击性，恨不得自己一个人生活在地球上，谁也不去打扰他。尤其是你老公现在事业发展遇到瓶颈，他不想把失败的一面展示在你面前，他只想一个人默默面对和承担。所以，你要做的就是躲开他。你看看，你躲开是很容易的。你儿子在寄宿学校，你无须每天晚上给孩子做饭。你只要在你老公回家之前离开家，等到他躲进书房或者什么地方，你再回去。”苏菲娜说：“但是，我去哪里呢？我除了上班，几乎所有的心思都在家里。如今，孩子上寄宿学校了，我只有他可以面对啊。”闺蜜打断她的话，说：“哎呀，可干的事情多着呢！你只要关注自己，就发现有很多事情可做。例如，去学学美容，或者学习插画，哪怕上计算机培训班也行啊。等你把注意力从他身上转移到自己身上，他就会主动关心你的。”

苏菲娜采纳了闺蜜的建议，给自己报了一个绘画班。她从上大学期间就喜欢绘画，只是结婚之后荒废了。如今，她上了绘画班，接受系统学习，居然一下子又爱上了绘画。有的时候，九点钟下课了，她还在教室里继续完成自己的作品。刚开始的时候，老公的确没有留意到她的去向。如此半个月之后，老公开始给她打电话，打探她的行踪，她也只是淡淡地说：“在外面有事情呢！”果不其然，一个月过去，老公居然开始紧张起她来，甚至专门“审问”她晚上去了哪里。

对于陈强的焦虑和烦躁，苏菲娜找到了属于自己的兴趣爱好，以便给陈强更多的时间和空间独处。果然如闺密所说，陈强从漫不经心，到渐渐紧张起来。苏菲娜知道，自己的老公又回来了，家里也恢复了平静和温馨。每个人都需要自己的空间，不管是男性还是女性，尤其是女性往往习惯于结婚以后一心一意地相夫教子，这就更要注意给对方留有空间，也给自己留有余地。

婚姻，从本质上来说，也是一种合作的关系。合作得是否愉快，主要看双方有没有磨合好，找到最佳的合作方式。幸福的婚姻都是相似的，不幸的婚姻

却各有各的不幸。要想拥有幸福，我们就要保持自我，也给对方喘息的机会。

心理小贴士

1.爱情不是占有，而是欣赏。既然婚姻是彼此欣赏，那么，我们就要保持自我，留下可供对方欣赏的方方面面。

2.在婚姻生活中，聪明的女人不会付出自己的所有，她们会留下时间做些自己喜欢的事情；也不会每分每秒都和对方纠缠在一起，如果两个人变成了一个人，那么婚姻也未免太索然无味了。

3.每个人都需要自己的空间，男性尤其需要自己的领地。当你看到一个男人沉默不语地独自待着，千万不要去打扰他。你需要做的事，就是给他营造一个安静的独处环境。

爱情，不是生活的唯一

对待爱情，每个人都有自己不同的姿态。自古以来，为爱情飞蛾扑火者有之，为爱情奋不顾身者有之，被动地与爱情擦肩而过的人也不在少数。这些方式，都不适合现代社会。现代社会是一个开放的社会，各种观念都得到解放，爱情也不再是讳莫如深的话题。每个人都成了爱情的主人，棒打鸳鸯的事情如今已不复存在。如今的恋人们充分享受着爱情的自由和甜蜜，再也不会像崔莺莺和张生一样被拆散，也不会因为封建等级观念像杜十娘一样绝望之下投河自尽。如今的时代是一个最适合恋爱的时代，人与人之间平等、民主，爱情也不再听凭父母之命，媒妁之言。爱情是自由的，然而，爱情并不是生活的唯一。

很多人一旦坠入爱河，就会失去自我，恨不得每分每秒都和所爱的人腻在一起。然而，爱情，并不能取代牛奶面包，也无法像魔术师一样变出各种生活的所需。即使相爱，也依然要奋力拼搏，为创造美好的生活继续努力。生活中，不乏有些女性一旦找到合适的爱人，走入婚姻，就马上辞掉工作相夫教子，其实这是万万不可取的。爱情的双方之所以彼此吸引，一则是依靠眼缘，二则是依靠彼此的心灵。假如结婚之后就变成婚姻的附属品，那么，这种吸引力一定会渐渐消失，导致夫妻之间审美疲劳，甚至危及婚姻。所以，聪明的女性会始终保持自我，她们不断地充实自己，让自己有所提升，与此同时，也为爱情和婚姻保鲜。

艾米和老公结婚已经十年了，依然恩爱如初，整日卿卿我我。这让艾米的闺蜜们都羡慕不已，要知道，十年的保鲜，可是爱情史上世界性的难题啊。看着不动声色的艾米就这样轻而易举地解决了，大家都逼着她一定要传授真经。

一个周日的下午，照例是她们的闺蜜日。这次来了五六个闺蜜，比以往少了好几个。艾米问璐璐：“璐璐，娜娜为什么没来？”璐璐愤愤不平地说：“别提了。她那个混蛋老公和她提出了离婚，她一气之下回娘家了。你知道吗，她老公简直太混蛋了。娜娜这么多年，一直在家生孩子养孩子，放弃了自己本来一片大好的事业，专心相夫教子。如今，那个混蛋老公仗着自己当了公司的经理，就勾搭了一个小秘书，把娜娜甩了，简直可恶至极。连我这个从来不会骂人的人，都不得不爆粗口，骂他是混蛋呢！”听了璐璐的话，几个姐妹全都义愤填膺，恨不得马上就去揍那个混蛋一顿。只有艾米淡淡地说：“是娜娜错了。”大家听了艾米的话，都莫名其妙地看着她。艾米继续说：“娜娜当初就不应该辞职。你们还记得当时咱们也是在这家咖啡厅吗？虽然有几个姐妹都说既然老公能赚到足够的钱养家，辞职也无所谓。但是，我始终坚持不让她辞职。现在的局面，其实我当时就预料到了。但是娜娜当初一门心思地要支持老公的工作，我也不好继续阻挠，否则就有破坏夫妻感情的嫌疑啦。”

听到艾米的话，璐璐迫不及待地问：“艾米，你是如何为婚姻保鲜的呢？虽然咱们这几个姐妹的婚姻暂时还没有亮起红灯，但是明显都觉得老公的激情已经消退了。”艾米笑着说：“本来也要和姐妹们聊聊，咱们彼此分享经验，那就借娜娜的事情说说吧。爱情是不能保鲜的，这个大家都知道。男人未必个个有良心，这个大家却没有意识到。总以为爱得死去活来的时候诺言能信一辈子，其实呢，没过多久就成了过眼云烟。其实换位思考一下，如果咱们是男人，自己在外面呼风唤雨，美女如云，回家估计也会对黄脸婆没兴趣。所以，这些年虽然孩子没人带早早地就送去托管班，我却从未放弃自己的事业。而且，我还抽出时间美容、健身，报名参加各种培训班，提升自己的审美品位和各项技能。如今的我和大学时代的我大为不同。大家肯定都还记得我当时是个娇娇女，十指不沾阳春水。但是现在，我能做出一大桌子的美味，让老公请客吃饭的时候都不愿意去饭店，而是请回家里显摆他的美厨娘。”晓敏说道：“艾米，你真的变化特别大，这一点姐妹们都佩服不已。我们是常常以忙为借口，没有时间收拾自己，家里有的时候也乱得像狗窝。”艾米继续说：“人们说拴住男人的心就要拴住他的胃，其实是有道理的。整洁的家，也让男人渴望在忙碌工作一天之后尽快回来。总而言之，我从未放弃自己。对于老公，我有好几样秘密武器，这都是他从任何其他地方都得不到的。最重要的是，我始终独立，经济基础决定上层建筑吧，这个家是我们共同的家……”在艾米的启发下，姐们们纷纷决定改变自己，她们还在艾米的介绍下也报名培训班等，让自己多多掌握秘密武器呢！

娜娜在婚姻生活中放弃了一切，最终成了被抛弃的黄脸婆。艾米虽然生活和工作也很忙碌，但却从未放弃对自己的提升，而且始终保持着经济上和精神上的独立。所以，她成为了舒婷诗中的那株木棉。

女性朋友们，在爱情之中，不管什么时候，都要保持独立。爱情不是生活的唯一，永远不要为了取悦爱情而失去自我的生活。我们提升了自身的能力，不但能够有效延长爱情保鲜期，使夫妻关系更加稳固，而且即使男人扬长而去，我们也完全有资本再次开始崭新的人生。

心理小贴士

1.生活有着方方面面，远远不限于爱情。生活越充实，我们的内心也就越充实，才能更好地以树的形象与所爱的人并肩而立。

2.女人，不管什么时候，都要有自己的工作和人际圈子。唯有如此，才不会自甘平庸，变成婚姻的附属品。

3.爱情，只是生活的一部分。即使在爱情中遭到伤害，也永远不要对生活失去信心。

第04章

依赖也是一种伤害，做一个独立的人去享受爱情

爱情不是黏腻，而是彼此的依存和守望。如果相爱的人变成了一个纯粹的整体，那么爱情的结构一定无法稳定。就像“人”字，一撇一捺，才能支撑起大写的人。爱情也是如此。爱情之所以拥有强大的力量，是因为相爱的人融合、互补、互为增长。1+1，远远大于2，也正是基于这个原因。所以，爱情的双方都必须独立地存在，而不能成为爱情的附属品。

婚姻，是一种合作的关系

这个世界上有多少种家庭，就会有多少种相似的幸福。这些幸福尽管相似，却绝对不会完全相同。这是因为，每个婚姻的经营模式都是完全不同的。有的夫妻一生之中举案齐眉，有的夫妻从未断了吵吵闹闹，还有的夫妻打破了脑袋再和好，也有的夫妻好得就像一个人，整日卿卿我我……不管是怎样的夫妻关系，只要能够维持和延续下去，就都是一种合作关系。也许有人会说，合作关系听起来太冷漠，不符合爱情的本质。的确，爱情和婚姻根本不是一码事。爱情是浪漫，是朦胧，是可以不顾一切的。婚姻则不同，婚姻必须脚踏实地，必须清清楚楚，还要兼顾家庭的诸多成员。当然，婚姻的合作关系和商场上、政坛上的合作关系不同，不但有利益，更多的还有感情，诸如爱情、亲情、友情、母子之情、父子之情等。这些感情让婚姻变得更加有血有肉，更加丰富充盈。这种关系的本质取决于婚姻的双方。在很多影视剧上，我们都曾看过大家族的联姻。这样基于利益的婚姻，更多的是生意上的往来和共赢。当然，我们也没少看那些同生共死的婚姻。这样的婚姻，基于纯粹的爱情，因而能够一起共渡难关，执手不离。大多数平凡的婚姻，需要我们用心去经营。就像修理一盆盆景，你要想让其长出自己心仪的造型，就必须耐心地经常修理，慢慢引导。婚姻也是如此。

在婚姻中，良好而又稳固的合作关系，使婚姻双方在一起同舟共济，不会轻易放弃。在结婚之前，大多数情侣考虑的都是对方是否真的爱自己。其实，我们最应该问自己的是：他或者她是能够共度一生的人吗？人生就像大海，时而风平浪静，时而巨浪滔天。携手共度一生的人，不但能够同甘，更应该能够共苦；不但能够携手度过人生最艰难的时刻，也应该在富贵时彼此珍惜。如果说人生是一场在荆棘丛中的艰难跋涉，那么结婚的对象必须能够与你互相成为对方的拐杖。提到合作，大多数人想到的是生意场上的共赢。的确，没有共赢，就不会有合作存在的可能。婚姻也是如此，良好的婚姻关系是一场共赢的合作。人人心中都有自己的衡量，不管是出于爱，还是出于其他的考量，婚姻关系之所以存在，一定有着能够让当事人心理平衡的特质。在很多感天动地的爱情中，我们常常看到婚姻的某一方始终在付出，其实，他也有收获，那就是心灵的安宁。心，永远是我们行动的指引，如果是违心地付出，不可能相守一生。民间常说，“少年的夫妻，老来的伴”。很多夫妻年轻的时候吵吵闹闹，到老了，就彼此依存，相互照顾。这就是婚姻的本质。

钱钟书的夫人杨绛先生已经105岁高龄了，虽然时光缓缓地流淌了将近一个世纪，但是她和钱钟书的幸福婚姻却始终被传为美谈。用现在的话说，他们是一见钟情。那一天，钱钟书穿着青色的布衣，鼻梁上架着一副看起来很老气的眼镜，脚上是一双布鞋。面对杨绛，钱钟书突然说：“我没有订婚。”杨绛也毫不含糊，当即回答：“我没有男朋友。”就这样，他们彼此倾心，水到渠成地相恋，结婚，孕育子女。

钱钟书是有名的才子，杨绛也是才女。他们两家门当户对，他们的结合是真正的珠联璧合。在此后的岁月里，他们携手出国留学，从未分开。留学回国后，杨绛的名气远远超过钱钟书，很多人说起钱钟书，都以“杨绛的丈夫”作介绍。对此，杨绛浑然无觉，依然洗衣做饭，当好钱钟书的妻子。为了支持钱钟书写作《围城》，杨绛还主动承担起家务，以便节省开支，让钱钟书减少课时，专心写作。对于和杨绛的婚姻，钱钟书由衷地满足。他总是说：“我见到她以前，从不想结婚；我娶了她之后，从未后悔结婚，更未想过娶其他女人。”

钱钟书写出了《围城》，自己却在围城里幸福地生活着。他与杨绛的婚姻是珠联璧合，是合作共赢。他们彼此相互扶持，一起度过了漫长的人生。这样的婚姻，是爱情的婚姻，也是幸福的婚姻。林语堂的妻子是一位富家小姐，尽管婚前就知道林语堂生活贫困，这位小姐还是义无反顾地与林语堂走入婚姻的殿堂。婚后，尽管他们生活窘迫，做妻子的甚至直到婚后四年经济稍有缓解的时候才怀孕，却从未抱怨过婚姻。林语堂也对妻子爱护有加，他曾经说，“如何才能当个好丈夫？就是在太太高兴时，你跟着高兴，在太太生气时，你却千万不能跟着生气。”由此可见，婚姻之中不但有携手并肩，也有宽容忍让，还有大度和理解。

大多数人的婚姻都是平凡的婚姻，然而，平凡的婚姻要想获得幸福，也必得有不平凡的经营之道。要想经营好婚姻，首先要投入。既然是合作，必然需要双方的投入，这种投入既包括感情上的，也包括经济上的、时间上的和精力上的。和商场上的合作不同，因为有爱作为基础，婚姻的合作讲究的是量力而为，而不要求均等。举例来说，一个富家小姐非常有钱，却爱上了一个穷小子。那么，她必然在经济上有更多的投入，却不能要求穷小子和她有同样经济上的投入。其次，婚姻的合作还需要包容。两个原本完全陌生的个体，因为爱，彼此走到一起，成立家庭。婚姻生活绝非爱情那么简单，他们从此之后必须共同面对诸多的问题。这种情况下，此前不同教育背景、成长经历和家庭环境导致的不同个性和习惯，难免会发生摩擦和碰撞。这时，就需要有一方做出妥协和让步。总而言之，婚姻的合作关系要以获得家庭幸福为最终目的，不能计较得失，更不能寸步不让。以爱为名义的合作，应该是和谐的、融洽的、美好的，能给予人一生的幸福。

心理小贴士

1.婚姻也是合作关系的一种，虽然不同于商场和政坛上的合作，但是也需要投入，这样才会有所回报。

2.婚姻的合作关系中，斤斤计较要不得。只有不计付出和得失，才能收获

家庭的幸福。

3.婚姻的合作目的是家庭幸福，这样的目的注定了婚姻双方必须不遗余力、齐心协力地一起努力。

女强人，你的幸福在哪里

随着观念的开放，女性朋友们不再是家庭生活的主力军，她们也走上社会，开始与男性一样平分秋色，为自己的人生和家庭的幸福打拼。如今的女性，真正做到了上得厅堂。当然，随着生活节奏的加快，工作压力也越来越大，很多女性未必能够下得厨房了。然而，曾经有部门研究发现，在家庭生活中，如果女性的收入远远高于男性，那么家庭结构就会不太稳定。最理想的家庭模式是，男性的收入与女性持平或者略高于女性，这样家庭结构才会更加稳固。究其原因，除了经济基础决定上层建筑之外，也因为随着收入的增高，女性朋友们用于家庭生活的时间越来越少。虽然封建社会早就结束，然而几千年的封建思想，依然让人们倾向于男主外女主内。尽管女性解放了自己，走上了社会，对于社会的角色来讲，女性依然应该花费很多的时间和精力，将其用于家庭。对于那些呼风唤雨的女强人，很多男性都怕自己HOLD不住，因而敬而远之。

从女性的角度来说，作为女强人，在寻找人生伴侣的时候，未必需要实力上的匹配。有的时候，人们的能力从诸多方面表现出来，未必都体现在事业上。例如，有的人适合从商，把生意做得风生水起；有的人适合做学术研究，把科学的某一个领域钻研得很透彻；有的人是个好丈夫，虽然在其他方面没有突出表现，但是能给所爱的女人一个安稳幸福的家。所以，女强人在寻找人生伴侣的时候千万不要过多地考量对方在经济实力、权势上是否与自己的匹配。要知道，婚姻幸福不仅仅依靠物质，比物质更重要的是感情。婚姻不是等价的匹配，而是合适。正如人们常说的，鞋子是否合脚，只有自己知道。女强人最应该做的就是为自己寻找一双合脚的鞋，而不是寻找华丽的水晶鞋。

在事业风生水起的同时，女强人不禁感到迷茫起来。归根结底，每个女人最大的理想都是拥有幸福的家庭。不管事业取得多大的成功，都不能取代她们对于家庭的渴望。从心底里来说，女人需要男人的呵护和宠爱，需要家庭的温暖和安抚。那么，女强人们的幸福在哪里呢？其实，女强人们并非像男人想象得那么强势，那么专横跋扈。很多女强人虽然在公司呼风唤雨，一旦回归家庭，就会成为温柔的妻子和慈爱的妈妈。不可否认的是，当女强人时间久了，她们的作风难免过于精明干练，甚至有些女强人回家之后也会不知不觉地把自己当领导。这种情况下，就需要男人们开动脑筋，想想办法啦！婚姻关系是需要经营的，如果男人唯唯诺诺，女人自然不会将其视为依靠。尤其是对女强人来说，面对一个唯唯诺诺的男人，她们甚至恨不得走上去踢上一脚呢！作为女强人的老公，即使事业上没有女强人出色，也要摆正自己的心态：你是她的丈夫，不是她的下属。只要调整好家庭生活中的角色关系，和女强人幸福地共度一生也就不是难题啦！

不但商场上有女强人，政坛上也有很多女强人。例如，如英国铁娘子撒切尔夫人，还有伊丽莎白女王。这些女性都非常优秀而且伟大，然而，她们在婚姻生活中并没有展现出在工作上的铁腕。虽然有的时候，婚姻生活的确因为她们的高高在上而受到干扰，但是她们背后的男人都选择了包容和理解。这是婚姻幸福的前提。

有一次，英国的伊丽莎白女王与丈夫发生了争吵。气愤之余，她狠狠地摔门而去。丈夫一直在卧室里没有出来，因此门始终是关闭的。当她想进卧室的时候，只得敲门。听到敲门的声音，丈夫大声问：“谁在外面？”女王余怒未消，趾高气昂地说：“伊丽莎白女王。”出乎她的意料，丈夫再也没有发出任何回应，门依然紧锁着。女王等了片刻，不得不再次敲门，丈夫再次大声问：“谁在外面？”这次，女王心平气和地说：“伊丽莎白。”然而，丈夫还是和上次一样，不但没有发出任何回应，也没有过来开门。女王只得第三次敲门，丈夫不耐烦地问：“到底是谁在外面？”女王思考了一会儿，才柔声细气地

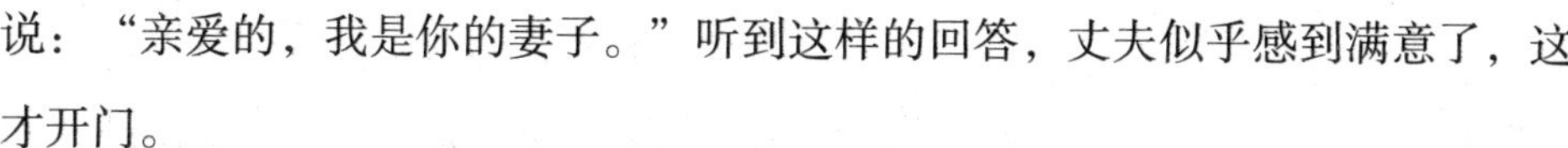

说："亲爱的，我是你的妻子。"听到这样的回答，丈夫似乎感到满意了，这才开门。

女王的丈夫非常聪明，他以这种委婉的方式，提醒伊丽莎白女王，在丈夫面前，她的身份是妻子，而不是女王。经过这次事件之后，女王一定会非常注意和丈夫说话的措辞以及语气。这就是娶了女强人的男人，不但要隐忍，包容，还要充满智慧。

婚姻生活需要经营，既然伊丽莎白女王的丈夫都能征服女王，那么，大多数优秀的男士也一定能够征服女强人。其实，女强人强悍的作风下掩藏着一颗脆弱敏感的心。在商场上打拼的她们，更加需要家人的支持和爱人的呵护。只要男性朋友打开她们的内心，从精神上成为她们的依靠，她们就一定会变得小鸟依人。女强人们，赶快抓住大好的青春年华，追求自己的幸福吧！记住，你们在爱情之中只是普通的女人，根本不是女强人！

心理小贴士

1.再强的女人，也需要爱人的呵护和保护，也渴望家庭的温暖与幸福。女强人，首先是女人，其次才是强人。

2.女强人在寻找幸福的时候，一定不要高高在上，而要把自己当成是需要保护的小姑娘。其实，每个女强人的心里都住着一个小女孩。

3.作为女强人的男人，不管是否有钱有势，精神上都一定要足够强大。

潜力股，未必真的有潜力

如果用股票来形容男人，那么男人可以被分为很多不同的股。最受追捧的当然是绩优股，这样的股票一路飘绿，让人心花怒放。然而，绩优股实在是可遇而不可求，而且大多数绩优股都已经名花有主了。如何才能用最少的投资取得最大的回报呢？野心勃勃的女孩们都把眼光投向了潜力股。所谓潜力股，就是现在涨势平平，但是未来看涨的股票。如果能够买到这样的股票，而且这只股票也确实实现了自己的预期，那简直是比买到绩优股更加高兴啊。首先，绩优股男人原本就已经足够优秀，事业有成、长相英俊的他们对于择偶的标准也定位很高，普通女孩根本不入他们的法眼。潜力股则不同，潜力股在当下还没有那么优秀，也没有那么多双眼睛盯着，所以，他们对自己的定位相对中肯，对于择偶的标准也定位恰当。他们知道自己还没有那么优秀，也不要求女孩貌若天仙、身材窈窕、才华横溢。他们只想找一个与自己志同道合、兴致相投的伴侣。这样一来，女孩即使平凡，也可凭借爱情的魔力顺利入驻潜力股男性的内心。只需要假以时日，当他们成为绩优股，昨日的女孩已经成为名正言顺的“主”。假如潜力股的发展一帆风顺，那些和其携手走过人生低谷的女孩真的不可同日而语。直接找个绩优股，就像不劳而获。陪伴潜力股一路成长，所有成就都是双方的，军功章里必然也有女孩的一半，地位当然也与众不同。

然而，在这些瞪大眼睛找潜力股的女孩中，有几个是真的火眼金睛呢？一个人要想获得成功，需要很多条件的综合作用。其中，有任何一个方面出现小问题，都会导致潜力股变成垃圾股。可以说，爱情的战场真的也如股市一般硝烟弥漫啊！这么说，并非是让所有的女孩非绩优股不嫁，而是要怀着平常心对待爱情。你今日认定的潜力股，有可能变成垃圾股。这个男人并没有如你预期一般飞黄腾达，而是一辈子默默无闻，安安稳稳。那么，你是选择抛弃，重新洗牌，还是选择安稳地与他相守一生？默默无闻，何尝不是大多数人的一辈子？如果能够安稳幸福地度过一生，何尝不是人生最大的收获？所以，女孩们，当你们发现自己选择的潜力股并没有潜力可挖掘的时候，只要你们彼此相爱，只要他值得托付，你也就应该放下野心，享受握在手中的安稳和幸福。无数人都仰慕成功，殊不知成功者也是苦乐自知。就像很多女孩都渴望变成明星，当你真的变成明星，每时每刻都被聚光灯包围，也许你会更加怀念当普通人时的自由和随性。所以，看似高高在上、不食人间烟火的生活，未必就比柴米油盐、脚踏实地的幸福更安稳，更可靠。

刚刚从音乐大学毕业的李楠，心比天高。她根本不想当老师，而想成为众人瞩目的明星。想成为明星谈何容易，不但要有漂亮的脸蛋，窈窕的身材，还要有雄厚的资金支持包装。这一切，李楠都没有。虽然她很漂亮，但是距离让人惊艳还很远很远。无奈之下，李楠只有委委屈屈地继续当老师。她的心一直在飘浮，希望找到落脚的地方，实现自己的人生绚烂之梦。几年过去，李楠因为三心二意，不但没有成为明星，反而耽误了工作。被学校记过一次之后，李楠愤然辞职。她决定去酒吧驻唱，也许那里机会更多。

一个偶然的机会，李楠认识了张明。张明高大帅气，是李楠喜欢的类型。最重要的是，张明的理想很远大，他说自己早晚有一天会创办公司，跻身世界五百强。李楠怦然心动，她暗暗想道：本来我也很喜欢张明这一款，如果他真的有一天出人头地，那么我也能跟着飞黄腾达啊，说不定还能圆了明星梦呢！很快，李楠就和张明确定了恋爱关系。没过多久，他们结婚了。婚后的李楠，等了一年又一年，看到张明始终还是个小职员，费了九牛二虎之力也只当了个小小的部门主管，不由得着急起来。她问张明："你准备什么时候才开公司呢？我等到花儿都谢了。"张明说："咱们现在不是挺好的嘛，有房有车，过着小康生活。很快，咱们也一定会有属于自己的小宝宝，那咱们一家三口得多么幸福啊！"李楠一听就急了，说："你之前不是有雄心壮志呢吗？怎么这么短的时间里就改变了！"张明温柔地说："哎呀，人生就是这样的。当初有着雄心壮志，是因为我太年轻。如今婚姻使我变得成熟，我觉得一家人幸福相守才是最重要的。"

李楠心中的梦想破灭了，她非常失望，一气之下回了娘家。妈妈得知事情的原委后，数落李楠："你呀，总是心比天高。你不知道，这样平平安安地过日子，才是最重要的。我看张明就很好，人长得帅气，个子也高，最重要的是对你好，对我和你爸爸也很好。可能他不会飞黄腾达，但是他却能踏踏实实地守着你一辈子。风光有什么用？有多少女人虽然嫁给了事业成功的男人，但是却人前风光，人后掉泪。你可千万别身在福中不知福啊！"听了妈妈的话，李楠彻夜未眠，一直在思索。的确，妈妈说的有道理。她就有一个闺蜜，嫁给了高富帅的富二代，结果没几年就被小三插足，想离婚又有了孩子，只得终日以泪洗面，过着形同摆设的生活。

上述事例中，当发现潜力股没有潜力之后，李楠心里是有落差的。幸运的是，她有一个好妈妈，能够明白无误地告诉她生活和幸福的真谛。在妈妈的劝解下，李楠一定能够想明白其中的道理。

女性朋友们，幸福不是镜中花，水中月。生活，更是应该脚踏实地。毋庸置疑，每个人都想找到如意郎君，只不过，每个人的标准都不一样。不管做什么事情，我们都得量力而为，量体裁衣。如果和潜力股一起努力，真的走出了更加精彩的人生，当然更好。即使这么平淡踏实幸福地度过一生，也是很好的选择。

心理小贴士

1.潜力股，只有升值的潜力，而不是一定保证升值。

2.对于生活，每个人的标准都有所不同；对于幸福，每个人的理解和感悟也不相同。我们的目标就是追求幸福，又何必过于在乎从哪个渠道得到幸福呢？

3.当你奔着潜力股的潜力而与他结婚，却发现自己得到了脚踏实地的幸福，你又何尝不是无心插柳柳成荫呢？

爱，有很多种方式去诠释

在爱情中，对于爱人，有很多霸道的人采取了非常自私的方式。诸如，有的男性不允许自己的女朋友和其他男性说话；有的女性不允许男朋友看其他女性，哪怕只是漫不经心的一眼；有的男性结婚之后就让爱人辞去工作专心相夫教子；有的女性恨不得一天24小时跟在丈夫屁股后面，盯着他看着他守着他，似乎外面的女性都是喜欢勾引有妇之夫的洪水猛兽……总而言之，当爱情变得自私，相爱的人就会做出失去理智的行为，变成爱情的奴隶。

从本质上来说，爱情是一种欣赏，是互相包容与体谅，是彼此提携与成全，是一起携手并肩奔向幸福。没有任何人愿意变成他人的私有财产，即使爱情最炽烈的时候，我们也想要拥有独立的生活和主权。当爱情变成了一种占有，也就意味着爱情失去了发展的空间。这个道理一想就会明白，假如爱情使你失去自我，变成了他人的附庸，你还想要这样的爱情吗？即使不是占有，爱情的付出也应该是有限度的。在爱情之中，有很多人义无反顾地付出所有，而不管对方是否真的需要这样的慷慨馈赠。很多时候，被动地接受也是一种负担。我们不管是作为爱情的施予者，还是作为爱情的接受者，都必须把握好爱情的度。很多人都会说，爱情不就是付出吗？其实不然。表达爱情的方式有很多，需要和被需要，爱与被爱，施予和接受，帮助和求助，分享和分担……都是爱情的方式。如果爱只是单方面的付出，那么不叫爱，而叫施舍。很多男人对爱情最美好的感受，就是被需要。当女人求助于他们男性的雄伟强壮，当女人必须依靠他们才能完成某些事情，他们会油然而生出一种自豪感。这也解释了生活中一个奇怪的现象：很多能干的女人往往和无能的男人结为夫妻，在家庭生活中始终在付出和操劳；很多不能干的、娇滴滴的女人反而还找到了终生的依靠，得到了男人无尽的呵护。强大的男人，是被较弱的女人“锻炼”出来的。聪明的女人从来都会示弱，很多即使自己能解决的问题，她们也会将其作为留给男性展示阳刚力量的机会。女性朋友们，你找对爱的方式了吗？

珠珠和赵鹏新婚燕尔才刚刚几天，就哭着回娘家了。看到闺女哭红的眼睛，妈妈心疼不已，爸爸更是冲动地要去找赵鹏算账。还是妈妈理智，她问珠珠：“女儿，你告诉我，你们之间到底发生什么不愉快了？”珠珠一边委屈得直哭，一边诉说：“其实，我根本没做错。昨天晚上，赵鹏下班的时候打电话告诉我，说要和好哥们一起去喝酒。我当时就答应了，但是让他早点儿回家。结果，我左等右等也不见人，他都12点多了才回家。中间，我给他打了个电话，问他到底和哪个朋友在喝酒，喝了这么长时间，连家都不知道回了。他说是和王强喝酒。挂了电话之后，我越想越觉得不放心，就打电话给王强，问赵鹏是不是和他在一起……”“你这个傻丫头啊！”还没等女儿说完，妈妈就气急败坏地埋怨道：“你可是犯了大忌。当年，我也犯了同样的错误，你爸爸差点儿和我离婚！”听到妈妈的话，珠珠惊讶地问爸爸：“爸爸，这是真的吗？我觉得这件事没有什么大不了的啊！”

爸爸笑了笑，说：“你真不愧是你妈的女儿，我可知道赵鹏这次丢人丢大发了。你知道吗，你们新婚燕尔，作为新郎官，赵鹏一定会被小伙伴们找去喝酒，而且他们还会问赵鹏能不能驾驭新婚媳妇。你却在他们酒还没喝完的时候就打电话查岗，赵鹏不是丢人丢大发了吗？”听了爸爸的话，珠珠恍然大悟。妈妈在一旁苦口婆心地说：“女儿，人后你对赵鹏怎么样都没关系，毕竟是你们两口子的事情。但是在别人面前，尤其是在赵鹏哥们面前，你必须给他留足面子啊！每个人都需要生活的空间，你不用看他那么紧，只要牵住他的心就行了。你如果给他空间和面子，也许他会更加爱你呢！”

在爸爸妈妈的点拨下，珠珠回到家，向赵鹏表示歉意。从此之后，她再也没让赵鹏在哥们面前丢过面子，也没有再把赵鹏看得那么紧了。果然如妈妈所说，赵鹏除了有应酬，总是按时回家，有时候回来晚了，还会特意多打几次电话汇报行踪呢！

在婚姻生活中，男性尤其需要尊严和空间。他们就像是桀骜不驯的野马，在爱情的驱使下迫不及待地钻进婚姻的围城。一旦发觉婚姻的真相，又无比怀念曾经的自由生活。尤其是对刚刚结婚的男性，女性朋友们一定要给他们适应家庭生活的时间，千万不要管得他们喘不过气来，否则他们也许会逃跑呢！

爱情，并不是自私地占有。相爱的人，只要心心相印，千里也能共婵娟。爱情，必须拥有广阔的天地，才能自由地成长起来！

心理小贴士

1.爱情，是双方的共享和共赢，而不是一方对另外一方的占有和管制。

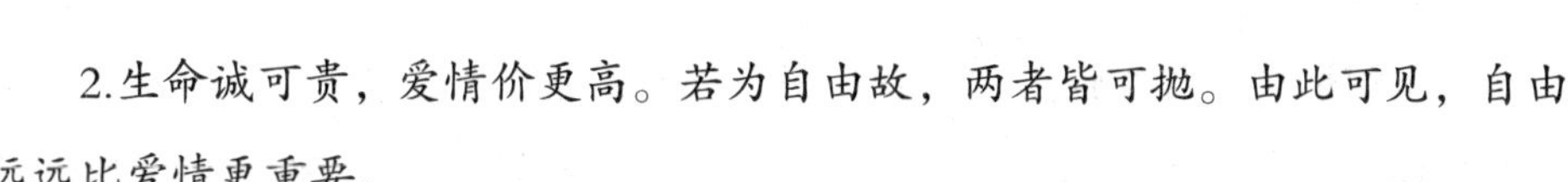

2.生命诚可贵，爱情价更高。若为自由故，两者皆可抛。由此可见，自由远远比爱情更重要。

3.男人爱面子，胜过女人爱美。

宽容，让爱更坚强

在人与人交往的过程中，宽容是不可或缺的调味剂。如果没有宽容，大多数人都会失去朋友；如果没有宽容，自己的亲人可能都会远离。即使是普通的同事关系、合作关系，甚至是对陌生人，我们也需要宽容。宽容是人际交往的灵丹妙药，拥有一颗宽容的心，我们才能友善地对待身边的人，也会得到他人回馈的友善。爱情也是一种人际交往，和普通的人际交往相比，爱人之间关系更加亲密，因此也往往更容易产生摩擦和误会。在文学经典中，几乎每段荡气回肠的爱情，都有产生误会与纠缠。其实，如果相爱的人彼此之间能够多一些宽容和理解，那么一定会少一些误会和曲解，爱情之路也会更加平顺，爱情的滋味也会更加甜蜜。

古人云，人非圣贤，孰能无过。是的，这个世界上的每个人都会犯错，无一例外。当我们还是十几岁的少女，梦想中的爱情就是琼瑶阿姨笔下的故事。男主角那么英俊帅气，最重要的是他深爱女主角，就像父亲深爱最小的女儿，对女儿的照顾与呵护面面俱到。这些风格一致的言情故事深深地影响着我们的爱情观，有一段时间，我们真的以为爱情就是完美的代名词。随着年纪的增长，我们才明白：爱情，是尘埃里的爱情。我们幻想的纯洁无瑕的爱情，只存在于琼瑶阿姨的剧作中。现实生活中，爱人也是人，不是神，也会犯些错误，让爱情蒙尘，甚至产生瑕疵。很多人因此对爱情大失所望，不如换个角度想想：你是完美的吗？既然我们都是不够完美的人，为何还要苛求他人的完美呢？既然相爱的双方都不完美，为何苛求爱情完美呢？

近来，黄晓明和杨颖几亿元的婚礼晃瞎了所有灰姑娘的眼睛。即使是这样一对美好的人儿，爱情之中，一定也有包容和理解。试想一下，两个原本出身于不同家庭，有着不同生活环境、成长背景和教育经历的两个人，脾气、性格甚至连饮食习惯在内，都完全不同。在爱情的驱使下，突然在一个屋檐下生活，共同面对生活赐予的苦乐悲喜。有矛盾是正常的，没有矛盾才是不正常的；会犯错是正常的，不犯错才是反常的。对于爱人，倘若我们能够怀着宽容的态度，在对方犯错之后依然真诚地拥抱他，接纳他，那么，你们彼此之间的爱情经过洗礼之后一定会更深沉，更坚若磐石。

最近，宋云因为做生意，赔掉了家里的房子。原本，他在事业单位踏踏实实地上班，听一个朋友说开办玉器加工厂能挣钱，他就动了和朋友合伙办厂的心思。他和爱人唐琪都是工薪阶层，家里没什么存款。唯一的家产就是那套房子，为了筹集办厂的资金，他就把房子抵押给银行，贷款50万元。然而，他和朋友都没有经验，招聘来的技术人员话说得头头是道，实际上是个半吊子。当宋云和朋友都把盈利的希望寄托在这个技术员身上时，他却把一大批玉石都加工成了废料，趁着夜深人静的时候，跑了。

看着50万元在短短的时间内打了水漂，宋云懊悔不已。要知道，当初他说想做生意，唐琪就极力反对。如今，他有什么脸面让唐琪和他一起吃苦受累来还债呢！宋云提出了离婚，并且说债务由他一个人来承担。出乎他的意料，唐琪不但没有埋怨他，反而给他鼓劲：“没关系，房子没了，咱们可以再买。如今的当务之急，就是赶紧把房子卖掉，把贷款还上。要是等着银行拍卖，那就更亏了。”宋云后悔地说：“是我拖累了你和孩子，你就同意离婚吧。”唐琪坚定不移地说：“咱们可不是大难来临各自飞的夫妻，你可别陷害我当那薄情寡义的人。我唐琪虽然是个女人，但是不会干这种事情。更何况，你是我的丈夫，也是孩子的爸爸。放心吧，只要咱们一家三口齐心协力，这笔巨债早晚能还完。”此后的日子里，唐琪再也没有埋怨过宋云。他们一家三口节衣缩食，唐琪几年都没有给自己添置过任何衣物，终于在孩子考上大学那一年，把债还完了。有了这样同甘共苦的经历，宋云更加钦佩和深爱唐琪。他知道，这是一个能与自己共甘共苦的终身伴侣！

生活充满着变数，对于每个人来说都是变幻莫测的。就像是五月的天，前一刻还在艳阳高照，后一刻也许就大雨瓢泼。对于宋云，唐琪虽然之前反对他开办厂子，但是当50万元真的打水漂的时候，她却勇敢无畏地和宋云站在一起，共同承担后果。这样的爱人，才是真正的人生伴侣。经历过这件事情之后，宋云和唐琪之间的感情一定会更加深厚，更加真挚。

夫妻双方，能够在最爱的人遭受坎坷和挫折的时候，始终陪伴在其身边，是一种幸福。这样同甘共苦的人生经历，并不是每对相爱的人都能拥有的。唐琪的宽容，让宋云感受到她深沉的爱，也感受到她的坚强。很多人喜欢揪着对方的错误不放，其实这样做并不聪明。揪小辫子的行为，除了使人感到心寒之外，也会伤害彼此间的感情。

心理小贴士

1.锦上添花，不如雪中送炭。如果你有机会给所爱的人雪中送炭，那么恭喜你，你们的感情一定会因此而更上一层楼。

2.宽容，不但是普通人际关系的制胜法宝，也是最亲密的爱人关系的制胜法宝。

3.宽容自己最爱的人，也就是宽容自己，宽容你们的爱情。

给彼此独立空间，爱情才能保鲜

也许是他，也许是她，不知不觉间变成了一个侵略者。相爱，原本是两个同等大小的圆的交叉，有一部分重合，有一部分各自独立。然而，他们却让自己变成一个小小的圆，根深蒂固地镶嵌进对方的圆里。这就是爱情的占有。爱情不是占有。爱和占有的界限很模糊，所以相爱的人们往往混淆了这两者。也许是因为害怕失去，也许是因为受到根深蒂固的观念影响，他们总是企图把自己和所爱的人合二为一，这是根本不可能做到的。一旦真的做到，爱情就会变成真空，失去生存的氧气。即使不是完全地占有，爱情也会因为自私的欲望，变得越来越窒息。

在爱情的命题中，无数人都为爱情的保鲜头疼。其实，充足的阳光、空气和水是最重要的保鲜材料。这一切，只有空间能够提供。我的闺蜜已经结婚十年了。近来，她突然说自己活得没意思。我不理解她的话，她有丈夫，有儿子，还有稳定的工作，为什么会产生悲观厌世的情绪呢？她恶狠狠地对我说，我的一生一眼望到死。我每天都是家和单位两点一线，偶尔去学校接孩子，我不知道自己活着还有什么意义。原来，她没有独立的生活空间。她丈夫是一个很唯唯诺诺的男人，很少说话，也没有什么兴趣爱好，很无趣。我的闺蜜恰恰与他相反。她活泼，热情，喜欢四处游山玩水，喜欢新鲜和刺激。然而，每当她提议出去旅行，她的丈夫总是说“出去又得花钱，难道你不知道房子的月供还没还完吗？”就这样，她人生最美好的十年，就被框在那方圆十里之内。如果不是为了孩子，闺蜜说她早就离婚了。

对于这样两个玩不到一起的人，实在没有必要事事捆绑在一起。虽然相爱的人有很多事情可以一起做，但是每个人都有权利保留自己的兴趣爱好。例如，闺蜜喜欢四处旅游，那么在经济条件可以承受的范围内，丈夫完全没有必要干涉她。再如，闺蜜的丈夫喜欢窝在家里看小说，那么就留在家里看小说好了。这样的两个人捆绑在一起，彼此都觉得索然无味，时间长了，肯定会影响彼此间的感情。

小米和阿强结婚十几年了。小米是四川人，最爱吃辣，无辣不欢。阿强是上海人，喜欢吃甜，几乎每个菜里都放糖。虽然小米知道阿强的饮食习惯，但是每次去吃火锅，小米都死活非要把阿强带去。对于阿强来说，连饭馆上空漂浮着的花椒和辣椒炒香的味道，都很刺鼻。然而，为了让老婆吃得高兴，阿强每次都勉为其难地作陪。

有一次，阿强感冒了，嗓子疼。小米又想去吃火锅，阿强和往常一样默默地跟着去了。进了火锅店，阿强无可控制地接连打了十几个喷嚏，小米埋怨道："你看你，大家都在吃饭，你应该控制一下啊！"阿强突然冒起无名火："控制，我怎么控制？我感冒了，还来陪你吃火锅，你还要怎样？这么多年，你何曾陪我吃过一次上海菜，就连在家里做菜，你都做得特别辣。你简直是自私透顶！"听了阿强的埋怨，小米也生气了："我怎么没有照顾你了，我哪次做饭不是给你做一盘不辣的菜呢？为了你，我原本三五天就要吃火锅，现在都改成十天半个月吃一次了，你居然还嫌弃我不关心你？！……"一顿争吵下来，火锅没吃成，夫妻还变成了仇人。小米一气之下离家出走，投奔闺蜜了。

得知事情的原委，闺蜜批评小米："小米，虽然我是你姐妹，但我还是要批评你。你说说你，你吃点儿上海菜没关系，顶多觉得滋味寡淡一些，但是让阿强吃四川菜，可是要经常上火的。你为什么不能给彼此一些空间呢，你每次去吃火锅都要拽着阿强，你明明知道他不喜欢花椒和干辣椒的味道。你下次可以喊我一起吃啊，给阿强一点儿自由，让他去吃上海菜，或者回他妈家吃饭，不是很好吗？就像你不喜欢吃芥末，让你顿顿吃，顿顿闻味道，你能受得了吗？"小米若有所思，暗暗想道：也许这些年真的委屈阿强了。

在这个事例中，闺蜜的提议是很好的。对于口味差异巨大的小米和阿强来说，没有必要每顿饭都捆绑在一起吃。小米爱吃火锅，就去吃火锅好了；阿强喜欢偏甜口的上海菜，可以自己去吃。如此一来，阿强也不用闻难闻的花椒味道，小米还可以经常吃火锅，皆大欢喜。

夫妻，未必应该每件事情都一起做。每个人都有自己的生活习惯和喜好，即使是相爱的两个人，也不应该强人所难。仅就饮食这一件事情来看，夫妻之间就应该彼此让步，分开行动。当然，生活远远不止吃饭这么简单。对于很多生活中的摩擦，夫妻双方都可以在彼此独立的空间里解决。例如，丈夫喜欢看大片，那么可以在书房看。妻子喜欢看书，可以在卧室看。每天晚餐后的时间，不一定要一起度过，可以分开度过，这样也是不错的哦！

心理小贴士

1.夫妻关系不是捆绑关系，而应该根据彼此的需要和舒适程度随时进行调整，以双方都觉得自在为宜。

2.对于自己所爱的人，我们应该给予她或者他足够的尊重。即使是我们自身很喜欢吃的食物或者是喜欢做的事情，也不能强加于人。

3.爱情的保鲜需要氧气，你们彼此给予对方的空间越大，氧气就越充足。

第 05 章

坚持投资自己，明媚的心会让幸福之花盛开

人生就像是一场博弈，需要不断地投资。既然是投资，当然就会有收益。只不过，有些人的投资是失败的，收益寥寥无几。有些人的投资是成功的，总是能够给自己赚取最大的收益。那么，最大的投资在哪里呢？有人会说如今大起大落的股票市场适合投资，有人会说孩子是最大的投资，实际上，最大的投资是自己。舍得在自己身上投资的人，往往能够收获意料之外的回报。尤其是女人，与其把幸福的赌注押在各种事情上，远远不如投资自己，让自己成为幸福的保障。

人生苦短乐长，要珍惜当下

人生中大部分的苦，其实都是自己所以为的苦，都是自己臆想出来的。当我们觉得人生很苦的时候，做什么事都会觉得苦；而当我们的想法和心态变好的时候，无论做什么事，都会觉得快乐和幸福！

当我们觉得人生很苦的时候，就会不开心、不快乐，自然也就会失去很多东西，同时也会有很多不好的、不如意的事情发生。我们要用快乐的心态活在当下，珍惜当下的每一分每秒，用喜乐的心态做好每件事，从而让自己在每一个当下，都能喜乐与幸福同在，人生也变得欢乐绵长！

在生活中，我们最常听到的一个词语就是“等到”。人们总是说，等到我有钱，等到我有时间，等到我升官发财，等到我不再这么忙……在这些“等到”之中，人生渐渐流逝，每个人都从青春到暮年，时光不再。人生哪里禁得起那么多“等到”呢？人生如白驹过隙，同时充满了未知。与其“等到”什么时候，不如现在就开始行动起来。每个人都应该活在现在，而不是活在永远不可能到来的明天。实际上，人生不管是长还是短，都是由无数个“今天”组成的。不管我们是成功也好，失败也好，都只能发生在今天。

拥有活在当下的心态，我们才能尽快走出昨天的阴影，摆脱对未来的幻想，脚踏实地地为了今天的荣耀和收获而努力。活在当下，是一种心态，更是一种心境。活在当下的人，更加看淡人生之中的得失与宠辱，更关注自己的人生过程，而不再仅仅计较结果。曾经有人说过，人生是一趟没有回程的旅行。

的确，这个世界上既没有卖后悔药的，人生也没有回头路可走。每个人都不知道自己人生的终点在哪里，世事无常，也许原本计划活到一百岁的人，转眼之间就离开了人世。既然如此，我们就应该更加豁达，更加宽容，更加感恩活着的每一天。和生命相比，那些得到和失去根本不值一提。重要的是，人生短暂，你还能睁开眼看着这美好的世界。

抛开已然逝去的昨天，和远未到来的明天，人生还需要面对很多苦难、挫折和悲戚。为了逃避现实的痛苦，很多人选择活在想象的世界里。其实，不管脚下的路多么难走，我们都不能停下前进的脚步。人生，就像是逆水行舟，不进则退。退，永远也无法回到过去，只能让你人生的高度骤然降低。只有鼓起勇气，勇敢地接纳和拥抱现实，我们才能活在当下，享受当下生命的赐予。

很久很久以前，有一种特别美丽的小鸟，生活在人迹罕至的深山老林里。这种小鸟非常漂亮。它的羽毛色彩绚丽，就像天边的彩虹。它的嘴巴血红血红的，即使是世界上最顶级的唇彩，也没有这样纯粹的红色。小鸟知道自己的美丽，总是非常高傲。每天白天，它都在池塘边玩耍，对着平整如镜的水面照出自己的影子。它总是喃喃自语："我多么美丽啊，我是整片森林里最美丽的鸟儿。"有的时候，它还会故意在其他动物面前走来走去，展现自己的美丽。在它的心里，即使是传说中最美丽的凤凰，也远远不及自己。

时光飞逝，很快，炎热的夏天即将过去，飒爽的秋天马上就要到来。这时，森林里的很多鸟儿都开始为过冬做准备。它们集合起来，排成声势浩荡的队伍，一起飞往四季如春的南方。还有些动物正在搜集食物，给巢穴寻找枯草。只有这种鸟，依然整日玩耍，顾影自怜。每到夜晚，温度骤然降低，它就只能躲进杂乱的茅草丛中睡觉。在没有任何食物储备的情况下，它就毫无防备地度过了短暂的秋天，来到了寒风肆虐的隆冬。

动物们躲在温暖的巢穴中睡了一觉，醒来就惊讶地发现树叶全都掉光了。鸟儿们躲在暖乎乎的巢穴中，吃着之前辛苦搜集的食物，再也不愿意飞出来挨冻。可是这种鸟呢？冬天到了，它美丽的羽毛也和树叶一样脱落了。如今的它，就像是一只肉球，赤身裸体地在寒风中瑟瑟发抖。每当夜幕降临，它都会哀号："冷啊，冷啊，明天就筑巢。”然而，当它在阳光的照射中醒来，马上就会忘记前天夜里的寒冷，依然若无其事地喊道：“我真美啊，我真美啊！”就这样，在日复一日的哀号中，它终于被冻死了。这就是我们经常说的寒号鸟。

可怜的寒号鸟，因为没有未雨绸缪，最终被寒风夺去了生命。寒号鸟不但可怜，更加可恨可气。它如果能够在寒冬到来之前，筑好巢穴，准备食物，那么它也许就能够安然过冬，迎接来年春天的到来。我们在对寒号鸟恨铁不成钢的同时，其实自己也有可能在犯着同样的错误，却毫不自知。

生活中的人们，请问问自己，你是否也说过“等到”，你又有多少个“等到”在若干年之后还未实现。当我们忙于工作的时候，孩子已经悄然长大，他缺少父母陪伴的童年一去不返；当我们忙于应酬的时候，家中望眼欲穿的父母已经满头白发，“子欲养而亲不待”的痛苦悄然来临；当我们奔波在出差的路上时，我们曾经渴望带着最爱的人一起畅游天涯的梦想，已经荷包丰腴而时间苍白……人生太短暂了，有了梦想一定要努力去实现，不然，就会给人生留下无数的遗憾。

心理小贴士

1.昨天已经过去，明天还未到来，只有今天，才是我们的人生。

2.梦想禁不起等待，不管你的梦想是什么，都要尽快去努力实现，不然，梦想一定会渐渐老去，不再等待。

3.寒号鸟的人生是悲戚的。无论想做什么，现在就开始吧。想要远行的，当下就收拾行囊，牵起最爱的人的手，一起出发！

独处，是最美的姿态

人的本性是群居动物，很害怕孤独。很多时候，虽然我们置身于闹市，身边是熙熙攘攘的人群，我们依然觉得很孤独。归根结底，人是孤独的，人之所以喜欢群居，也恰恰是因为孤独。一个人，不管职位多么高或者多么低，人缘多么好或者不好，也不管他是有钱还是贫穷，都需要学会独处。独处，是我们面对自己内心的姿态。如果一个人的幸福只来源于身外之物，那么他不会常常觉得幸福，他的幸福也很容易就会失去。真正的幸福，应该在于自己。如果一个人就像叔本华说的那样“我的幸福来源于我身”，那么，他一定能够感受到真正的幸福。

人和人之间就像刺猬一样，离得远了，感觉寒冷；离得近了，被对方的刺扎得生疼。因此，越是人群聚集的地方，人际关系也就更加复杂和危险，这是人们越热闹反而越觉得孤独的根本原因。面对自己则不同，我们可以安静地审视自己的内心，无条件地接纳和包容自己的一切。即使反省，对自己而言也是一种收获。独处，没有被刺扎伤的危险。越来越多的人喜欢独处。一个人安安静静地待着，看一部电影，捧起一本书，品味一杯茶。独处的人生，恬静淡然，与世无争。独处能够帮助我们保持最真实的自我，不至于在熙攘的人流中走失自己。人生，是一个不断离去和归来的过程，能够做到以最美的姿态和自己相处，才是真正的成功。细心的人会发现，当一个人待久了，会非常渴望回到杂乱喧嚣的人群中；在人群中待久了，又恨不得回到人迹罕至的原始森林，倾听花开花落、雾气升腾的声音。离去归来兮，在现代人的精神家园一次又一次上演。

年幼的时候，他就尝尽了孤独的滋味。在一个人的童年里，他爱上了绘画。刚开始，他在白纸上画，后来，他在墙壁上画。成为小学生之后，他的气质显得与众不同。他常常说，他的内心不孤独。他的心里住着两个自我，一个在和小朋友玩耍，一个在旁边审视。他着迷于绘画的世界，也很喜欢安静地坐在那里看书。他的梦想是成为一名画家。不承想，父母坚决他高考报考艺术专业。对于父母的执拗，他并没有剧烈地反对，而是要求父母为他找一个能画画的理工科。最终，父母真的找到了满足他要求的理工科——建筑系。的确，建筑系是唯一能够合理画画的理工科专业。他懵懵懂懂，根本不知道建筑系到底是学什么，毕业以后出来能做什么。

上了大学二年级之后，他不再迷信老师，而是开始泡图书馆，各种书都读，就像填鸭子。他说，那个时代的人们，都在如饥似渴地学习，不管学的是什么。大学毕业后，他进了浙江美术学院下属的一家公司工作。随后，就是恋爱、结婚、生子。按部就班，日子安稳幸福。没过几年，他心中那个冷眼旁观的自己不甘心这样的生活，他辞职了。在很多建筑师同学都发家致富的时候，他却像隐士一样每天都和工匠们在工地上劳动，闲了就看书、赏西湖、看朋友。他从不追求潮流，这使他最终形成了自己与众不同的风格。他喜欢传统的建筑风格，宁愿一个人踯躅前行，也不愿改变。他想创造出能够微笑的建筑，那是建筑师与建筑之间的心有灵犀。他叫王澍，在中国美术学院建筑艺术学院担任院长。

2012年5月25日，王澍在人民大会堂为祖国争得了伟大的荣誉。他获得了普利兹克奖，这个奖的含金量很高，和“诺贝尔”一样。这个荣誉不仅属于王澍，也属于全中国。谈起自己的成功经历，王澍非常感谢自己孤独的生命时光。没有孤独，他就不会独处，不会爱上画画；没有孤独，他就不会坚持自己的风格，与建筑物微笑交流。独处，成就了王澍。

上述事例中，王澍的成功得益于孤独和独处。现代社会，生活压力越来越大，节奏越来越快，人们已经没有耐心审视自己的内心。独处的人则不同，他们常常与自己对话，与生命交流。

生活中的人们，当你们忙于工作，终日奔波的时候，不妨也抽时间让自己独自相处，面对自己的内心和灵魂。独处是最美的姿态，是人生的姿态。只有学会独处，你们才能更加透彻地理解和感悟人生。

心理小贴士

1.面对熟悉而又陌生的自己，独处是你最宝贵的光阴。

2.独处是一种姿态，也是一种面对生活的态度，更是一种人生的境界。只有内心充实的人才不会害怕独处，因为独处的时候，有自己陪伴。

3.独处，从自己的内心寻找幸福。

坚持自己，才最美丽

相传，作为中国四大美女之一的西施有心绞痛，常常感到心痛不已。每当发病的时候，她都会用手紧紧地捂住胸口，同时眉头紧蹙。病痛的折磨并没有消减西施的美，相反，那些仰慕她的男人们更加着迷于她。有一次，村里的丑女特意观察了西施发病时的神态和姿势，觉得西施病恹恹的样子的确很美。为此，她也模仿西施的样子，用手捂住胸口，还把眉头皱起来。然而，村里的男人们依然对她避之唯恐不及，甚至更甚。有钱的公子哥们赶紧回家关门闭户，穷人们也带着妻儿绕道走，生怕看到丑女的样子。丑女无论如何也想不明白，她做出和西施一样的姿态，大家为什么只喜欢西施，而不喜欢她呢？丑女不知道，无论她再怎么模仿西施，她也变不成西施，反而还失去了自己的本真。

时代发展了几千年，生活中仍然不乏像“丑女”一样的人。虽然她们长得并不丑，甚至堪称美丽，但是她们和丑女一样，总是模仿别人，失去了自己。这样的人，是一个躯壳，却没有灵魂。人之所以美丽，是因为拥有独立的精神和人格。一旦失去自我，美丽也就不复存在。举例而言，现代社会的时装时尚几乎每天都在更新。很多美丽的时装只流行很短的时间，就过时了。如果我们盲目模仿模特的衣着，而不考虑自身的条件是否适合，那么只会把美丽的时装穿出大妈的效果。很多女明星都根据时尚之都——巴黎的风向标穿衣打扮，却丝毫没有意识到穿在模特身上摩登时尚的服装，到了她们身上却变成了裹身布。气质非凡、拥有形象打造团队的明星尚且如此，更何况是普通人呢？还有些人做事没有主见，总是人云亦云，盲目跟风，也是不可取的。人们常说这个世界上没有完全相同的两片叶子，其实这个世界上同样没有完全相同的两个人。很多时候，我们之所以独特，恰恰因为我们是自己，而不是别的任何人。这就是坚持自己的魔力！

在竞争激烈的现代社会，不管是爱情，还是生存和发展，每个人都面临着极大的考验。坚持做自己，且能够顽强地生存下来，获得幸福，这才是真正的能者。世界不需要四不像，当你因为模仿变得既不像别人，又不像自己的时候，你就彻底失败了。既然如此，我们何不老老实实地做自己呢，最起码这是最真实的我们。

“小巷三寻”的创始人郑芬兰，曾经有着稳定的工作和很好的收入，却因为不满足于工作的按部就班而辞职。她想寻求一种有挑战性的生活，改变自己的人生。辞职后，她跳槽到一家服装公司工作，从最简单的工作做起，三年后胜任总裁助理。在此期间，她一直在为自己充电，学习服装设计的相关知识。也许这份工作还是不能实现她的梦想，为此，她再次辞职了。她开创了属于自己的公司，全权负责所有的工作。在她的勤奋和努力下，公司渐渐步入正轨，开始实现良性运转。然而，她依然觉得生活中缺少了激情。她决定开创自己的品牌，做出自己的企业文化。一个偶然的机会，她翻出了妈妈亲手缝制的粗布棉被，这是她结婚的嫁妆。她的脑海中灵光一闪，萌生了用农家土布开创服装品牌的想法。尽管妈妈和所有的亲戚朋友都表示反对，但她还是义无反顾。

在大雪纷飞的日子里，郑芬兰专程回老家背出了十多卷土布。在她的努力和坚持下，小巷三寻手织布服饰公司正式成立。然而，要想把带着妈妈温度的土布推广出去，在现代社会物质极大丰富的今天，还是相当有难度的。当杭州某商厦的经理同意给她一个柜台时，她喜极而泣。然而，刚刚开业的几个月，营业额很低。身边的人都劝她继续去做轻车熟路的女装生意，被她拒绝了。她看好土布服饰，一定要坚持做下去。在她的坚持下，营业额越来越高。她欣慰极了。

对于土布，郑芬兰有着自己的理解。她说，土布带着妈妈的温度，也是对中国传统文化的传承。她不仅大力推广土布，还把中国传统文化与土布相融合。如今，她的小巷三寻已经小有名气，产品的品质和质量，尤其是深厚的文化底蕴，都得到了消费者的认可。对于未来，她信心十足。她说：“坚持，就是最美丽的！”

上述事例中的郑芬兰——小巷三寻服饰公司的创始人，如果没有她的坚持，就不会有小巷三寻的今天。每个人在人生的道路上都会面临选择，不管什么时候，只要我们认为是正确的，我们都要勇敢地坚持自己的选择。很多成功，除了机缘，主要是因为坚持。

生活中的人们，不管是最基本的穿衣打扮，还是关系到人生未来的事业，我们都要坚持自己的梦想。盲目地跟随别人的脚步，只会让自己变得被动。唯有坚持，才能助力我们走出属于自己的人生之路。坚持自己，并且能够做出一番成绩，你就是当仁不让的强者。

心理小贴士

1.我们无论如何也变不成别人，既然如此，我们不如坚定地做回自己。

2.每个人都有自己的气质神态，穿在别人身上的衣服，未必贴合我们的身体和精神风貌。即使是最简单的穿衣服，我们也应该有自己的风格。

3.生活中的人们，你们知道自己应该坚持些什么吗?

不要做“灰姑娘”的美梦

格林童话里的《灰姑娘》，成为很多女孩心中永远的梦。相信大多数女孩在五六岁的年纪看过《灰姑娘》之后，在若干年的时间里，都会梦想着终有一日王子会坐着南瓜马车来接自己。的确，这些美好的梦境支撑我们度过无知的童年和躁动的少年时光。当我们终于迎来爱情的季节，却伤心地发现《灰姑娘》真的只是一篇童话。不管你多么善良与可爱，也不管你是否真的有一个虐待你的后妈和两个狠心的姐姐，永远都没有王子来拯救你。要想脱离让人难以忍受的生活，你只能依靠自己的力量，不断努力，勤奋上进。只有当你真正变成公主，王子才会被你的光芒吸引，来到你的身边，拜倒在你的石榴裙下。

假如你不够努力，不小心成为现实版的灰姑娘，那么，你的命运一定很惨。王子高高在上，并不像童话里说的那样总是“微服私访”，更没有水晶鞋作为凭证去寻找心爱的姑娘，你又凭什么脱掉干活的粗陋衣服，摇身一变成为王妃呢？要想吸引王子对你的注意，你必须首先成为公主。王子喜欢的是公主，这一点永远无法改变。也许会有女孩说，我没有父皇，如何成为公主？其实，要你成为公主，并非真的让你住进皇宫，而是要让你有资本。前文说过，婚姻就是一种合作关系。尽管听起来冷酷无情，但是这是婚姻的本质。与此相应的，在恋爱之前，人们也会彼此考量，看看对方的条件是否与自己相当，对方身上有没有吸引自己的特质。成为公主的方式有很多，诸如你依靠勤奋学习成为学霸；你身姿妙曼，是舞台上的精灵；你歌喉动人，天生就是百灵鸟；你心怀大爱，是慈善大使……很多闪光点，都会让你成为公主。豪门媳妇郭晶晶，之所以能够博得霍启刚的喜爱，就是因为她在跳水台上的出色表现。徐子淇嫁入豪门之后接连生子，为李家传宗接代，是因为她的美丽、多才……这个世界上没有无缘无故的恨，也不会有无缘无故的爱。两个原本陌生的人能够走到一起，同甘共苦，生儿育女，携手一生，一定会有彼此吸引的地方。灰姑娘，你的当务之急就是发现自己的闪光点，并且让其发扬光大。台湾作家三毛，一生浪荡多诘，却赢得了大胡子荷西的深爱，后来又博得骆宾王的喜爱，这一切都并非偶然。三毛的才情，让人读着她的文章都为之动容，她的生活似乎跃然纸上。女孩们，千万不要再做灰姑娘的梦了，你的命运掌握在你自己的手中。

璐璐和娜娜不但是好朋友，还是高中三年的同班同学兼同桌。由此可以想象，她们俩的闺蜜级别是骨灰级的。璐璐和娜娜在很多方面都非常相似，唯一不同的是，璐璐一直有个灰姑娘的梦，娜娜却非常拼搏和努力。璐璐总是说：“娜娜，咱们是女孩子，不用那么刻苦学习。只要考个大学随便上上，以后找个好老公，就全都OK啦！”对此，娜娜有自己的想法，她总是苦口婆心地劝璐璐：“璐璐，虽然我们是女孩子，但是现在男女平等了。而且，我认为即使找个有能力的老公，也不如咱们自己有能力更好。况且，如果咱们不努力，人家凭什么看上咱们呢，毕竟我们又不是美女天仙的！”就这样，高中三年，璐璐只花五分力气，最终考了个省内的专科院校。娜娜呢，高中的每一天都不曾虚度，虽然没有璐璐聪明，却凭借刻苦和努力，考进了北京大学。从此之后，璐璐和娜娜的人生截然不同了。

璐璐在省内读的专科，毕业之后并不好找工作，同学也都是专科的水平。娜娜则完全不同。进入北大校园之后，她真正知道了什么叫人外有人，天外有天。能够进入北大读书的，个个都是才子才女，娜娜觉得压力很大。浓郁的学习氛围，让她更加勤奋，废寝忘食。4年之后，娜娜顺利考上本校的研究生，继续在熟悉的校园里求学深造。很快，勤奋好学的娜娜就吸引了学长的注意力，这个学长可是在国外留学之后回校任教的博士后。恋爱几年之后，娜娜和学长走入了婚姻的殿堂，在北京安家置业，真正开始了王子和公主的生活。

璐璐和娜娜原本都是灰姑娘，只不过她们选择的道路不同，人生也因此而不同。璐璐不愿意努力，就想以灰姑娘的身份博得王子的爱和欣赏。娜娜呢，她知道要想赢得王子的心，自己首先必须成为公主。她也的确这么做了，苦读多年，不仅提升了学历，而且解决了终身大事。未来的人生，璐璐和娜娜必定不可同日而语了。

年轻的姑娘们，你们的心里也一定有公主梦吧。记住，仅仅梦想自己成为公主，是不可能嫁给王子的。必须脚踏实地地努力，把自己变成真正的公主，才能赢得王子的爱哦！

心理小贴士

1.王子喜欢的是公主，而不是灰姑娘。

2.要想博得王子的喜欢，你首先得把自己变成公主。虽然爱情自由，不再受封建思想门当户对的禁锢，但是差距太大的两个人是不可能彼此欣赏和喜爱的。

3.每个人的幸福都握在自己的手中，永远不要把幸福的希望寄托在别人身上。

对自己，永远不要吝啬

也许是因为传统美德的影响，相当一部分女性一旦结婚生子，就完全失去了自己。她们辞掉工作，专心在家相夫教子，成为男人背后的女人；她们明明经济条件尚可，却舍得给老公和孩子买衣服，对自己总是超级吝啬；她们拿出大把大把的时间陪伴孩子，想给孩子一个毫无遗憾的童年，却忘了自己也需要时间独处，需要时间调养生息……就这样日复一日，年复一年，当老公越来越成功，当孩子长大离开家，女人已经无可挽回地老去。她们不但变成了彻底的黄脸婆，而且与社会脱节多年，再也无法回归社会生活。在这样的情况下，如果男人有良心能守住家还好，一旦男人有了花花肠子，对女人的打击就是致命的。人到中年，一无所有，情何以堪呢？现代社会，男女平等，不但女性可以在职场上打拼，与男人平分秋色，男性也同样应该承担起家庭的责任，为女性分担诸多家务事。由此一来，女性完全无须为了家庭失去自我。

尤其需要注意的是，女人，切不可对自己吝啬。很多女人大半生省吃俭用，最终却被第三者趁虚而入。网络上有段话虽然说得很直白，但是却非常有道理：女人，一定要对自己好一些，不然就有人花你老公挣的钱，还打你的孩子。女人对自己的大方应该体现在多个方面。有的女人舍不得给自己买好的护肤品，殊不知，皮肤是人的脸皮，如果没有好的皮肤，如何能够拥有健康的气色呢？还有些女人舍不得买高档的衣服。这一点一定要想清楚，花很少的钱买几件不上档次的衣服穿很短的时间就扔掉，和花昂贵的价格买几身时装多穿几年，感觉和效果都将是完全不同的。此外，女人对自己不吝啬，还体现在自我提升方面。大学校园里学到的知识，一旦参加工作，你就会觉得极度匮乏。因此，每个职场人士都需要不断地提升自己的能力，为自己争取更多的机会。大多数女人在结婚生子之后，工作上就疲于应付，这是完全不可取的。每个人只有拥有自己的工作或者事业，实现经济独立，才能拥有独立的人格和精彩的未来。不管什么时候，女人都不应该放弃自己的人生。要想让未来的人生之路更加顺畅，女人一定要投资自己。一则是金钱方面的投资，二则是时间和精力方面的投资。我们的确要照顾家庭，照顾孩子和爱人，但是我们也必须挤出时间充实自己，提升自己的生活层次。对自己大方的女人，即使工作再怎么忙碌，生活节奏再紧张，也会挤出时间，提升自我。

宋茜结婚十年了，在这十年间，她把主要精力和时间用于家庭，工作上却一直没有太大的起色。如今，孩子读小学一年级了，宋茜决定也去读书。对于宋茜的决定，很多人表示不理解，就连妈妈都说："茜儿，你说说你，都奔四的人了，为什么还要去上学啊？你现在工作比较稳定，也不累，可以更多地照顾家里，不是很好吗？"宋茜向妈妈解释："妈妈，就因为我快四十了，所以我才要抓紧时间读书，学习，提升自己。你想想，结婚这十年，为了照顾孩子，我哪里有心思工作啊。所以，和我一起的同学们，现在好多都是单位的骨干，只有我还是老样子。"妈妈还是不理解，说："女人就应该以家庭为重啊！这么多年，这是老道理。"宋茜还是坚持自己的想法："妈妈，我必须有自己的事业。现在，男人和女人是平等的。如果我不进步，您女婿却一直在进步，那么我们之间的差距会越来越大的。我已经耽误了十年，我必须更加努力。"妈妈担心地问："你去读书，孩子怎么办呢？"宋茜说："放心吧，妈妈。我读书的地方就在本市，只是在职提升学历和技能。我给孩子上的是寄宿学校，等到周末的时候就把他接回家，带过来看您。"在宋茜的解释下，爸爸当即表态："茜儿，我支持你。如果家里忙不过来，我和你妈随时去给你帮忙。你就专心学习吧！"

这次读书，宋茜是纯粹自费。不但要给单位交停薪留职的费用，还要支付昂贵的学费，历时两年，成本不可谓不高。不过，宋茜心意已决。她知道，要想跟上时代的脚步，要想在工作上有突出的表现，她就必须提升自己，以笨鸟先飞。

上述事例中，宋茜显然是个聪明的女人。虽然为了孩子和家庭，工作在十年间都没有太大的起色，但是宋茜很清楚，亡羊补牢，为时未晚。人们常说，活到老，学到老。不管到什么时候，都必须努力上进，才能拥有美好的未来。

年轻的女性朋友们，如果你们还没有成家立业，那么赶快趁着婚前的自由时间努力提升自己吧。如果你们已经成家立业，那么也可以调动各个方面的力量，诸如让父母和公婆在周末的时候帮忙带孩子等，利用点滴时间提升自己。女人，不管是在金钱方面，还是在时间和精力方面，对自己千万不要吝啬。常言道，有付出，才有回报！让自己变得强大起来，总归是有利无弊的。

心理小贴士

1.女人对自己的吝啬体现在很多方面，有的女人在金钱上对自己吝啬，有的女人在时间上对自己吝啬，有的女人在精力上对自己吝啬。

2.不管在哪个方面，女人都不应该对自己吝啬。

3.常言道，技多不压身。女性朋友们，你们只有对自己加大投资力度，才能获得丰厚回报哦！

充实心灵，人生永远美丽

很多农民夫妇，一辈子面朝黄土背朝天，没有一起欣赏过音乐会，更没有一起看过电影，但是他们却恩恩爱爱一生，把朴实的感情都融化在生活的点点滴滴中。这是因为，他们有着共同的语言，有着相同的生活目标。假如换一种搭配，一个大学教师和一个农妇在一起生活，也许也能过一辈子，却是包容和容忍的一辈子。当然，悲观地看，也许过了没多久，婚姻就会破裂。这是因为，农妇关心的问题和大学教师关心的问题截然不同，他们一个关心地里能长多少庄稼，一个关心如何更好地教会学生做人做事。抽象地说，他们一个务实，一个务虚。当交流出现巨大障碍的时候，人们常说对牛弹琴。打个简单的比方，大学教师和农妇的交流也是相当于对牛弹琴，当然，反之也是如此。因此，在知识分子上山下乡的年代，无数知识分子在娶了农妇老婆之后，回城以后都选择了离婚。由此可见，夫妻在一起共同生活，走过漫长的岁月，经历人生的坎坷和挫折，是必须要有共同语言的。既然交流的作用如此重要，每个人都应该充实自己的心灵，丰盈自己的人生。

也许是因为受到封建思想的影响，很多女性朋友在结婚之后就放弃了自我充实。她们终日和柴米油盐打交道，早已没有时间和精力去欣赏高雅的音乐，也没有闲情逸致再去捧起书本。殊不知，这样是非常危险的。大多数的家庭结构，在有了孩子之后，由女性负责照顾孩子，男性则和之前一样日日工作。由此一来，女性必然脱离社会，如果再不努力充实自己，只怕会和所爱的人渐渐失去共同语言。也许会有女性朋友说，天天带孩子忙得昏头涨脑，哪里还有时间从事高雅的活动啊！其实，要想充实自己，最简单快捷的方式，就是读书。每天，每个小时，每分钟，我们都可以找出点点滴滴的时间，手到擒来地拿起一本书，细细品味，深刻思考。书籍，是人类知识的灵魂。不管时代如何发展，书籍在人类的历史上都占据着无可取代的重要地位。除此之外，如果有时间也有闲情，还可以四处旅游，走走看看。总而言之，充实心灵的方式有很多，既有适合足不出户的，也有适合大段时间的。只要是有心人，总是能够找到时间充实心灵。

闺蜜聚会上，豆豆喋喋不休地向闺蜜大吐苦水，说她老公总是和朋友们出去打台球、K歌，有了闲暇时间从来不全部用于陪伴她。小敏听了之后，纳闷地问："你老公有自己的兴趣爱好，这是好事啊！我们家那个总是不愿意出门，也没有什么朋友，天天窝在家里，我都嫌烦。"豆豆羡慕地说："那多好啊，可以好好陪你啊。"小敏笑着说："又不是新婚夫妻，都老夫老妻了，谁让他陪啊。你不知道，他在家我很麻烦，还得伺候他。我希望他出去和朋友在一起，这样我就有时间做自己的事情啦。"豆豆疑惑地问："你有什么事情，要独自一个人做呢？"小敏说："很多事情啊！白天，要接送孩子上学，上班，洗衣做饭，只有晚上的时间才是属于自己。我啊，买了很多书。晚上的时间，打开台灯，静静地看一本书，品品茶，是多么惬意的事情啊！我家那位如今也和我一样，每天晚上，我们就一盏灯，一本书，一壶茶。"听着小敏描述的情形，闺密们都羡慕不已。小敏说："姐妹们，看看书真的是非常有好处的。以前，我家那位话特别少，有的时候我根本不知道他心里在想什么。现在不一样了，我们轮流读同一本书，经常会就书中的情节展开讨论，还会结合实际生活，互相发表见解。如今，我们是最了解彼此的人。最重要的是，我家那位是个高高在上的教授，虽然我也是大学生，但是思想上和他相比还是差一大截。如今，他几次夸我思想越来越深刻呢，我们夫妻间的共同语言也越来越多了。"

豆豆不解地问："要是不喜欢看书怎么办呢？我从小就不爱学习，不喜欢看书。"小敏嗔怪地说："不喜欢看书，还有很多其他的方式充实心灵啊。可以看一些经典的影片，去游览一些名胜古迹。总之，只要能触动我们思想和灵魂的，都可以啊！"豆豆恍然大悟，她说："嗯，有道理。回家之后，我也要引导我家那个肤浅的家伙，和我一起充实心灵。他爱看经典影片，我不爱看，现在看来，我也应该多看看啦！"

当两个相爱的人携手并肩走入婚姻殿堂的时候，他们的起点是相同的。然而，如果其中一方在婚后始终保持进步的姿态，另外一方却沉迷于柴米油盐酱醋茶的琐碎，那么，他们彼此之间的距离会越来越远，共同语言也会越来越少。

年轻的朋友们，人们常说活到老，学到老，这一点对于婚姻生活同样适用。相爱的人能够一起学习，充实心灵，携手并肩地在人生之路上前行，就是最大的幸福。心灵的契合，会让婚姻更加和谐，默契。

心理小贴士

1.随着生活的磨砺，我们的心灵渐渐变得坚硬，夫妻间原本的温情也会消耗。读书、旅行等美好的事情，会让我们对生活感恩。

2.充实心灵，才能提高自己。

3.人生如逆水行舟，不进则退，我们要时时提升自己，才不会被时代的车轮远远落下。

第 06 章

资本是生命的盾牌，多累积点保护自己的能力

人生的博弈，是需要资本的。人生的资本有很多，诸如年轻，美丽，性感，妖娆，高的学历和素养，良好的人脉关系等。这些都是人生的资本。生命在运转的过程中，会遭遇各种各样的干扰，甚至会遭受致命的打击。每当这时，诸多资本就会八仙过海，各显神通，帮助我们度过生命中最艰难的时刻。聪明人从来不会觉得满足，他们不停地为自己积累资本，从而为人生保驾护航。

直面性感，勇于性感

提起性感，很多人第一时间就会想到丰胸美臀，血色红唇。其实，性感并非我们想象的那么狭义。尤其是当性感变成一种资本的时候，就需要我们为其填充更多的内容。诸如活泼可爱，诸如落落大方，诸如不卑不亢，诸如胸有成竹的自信，诸如在社交场合的游刃有余，诸如灵活机智，这些都是性感资本的组成要素。最近热播的《北上广不相信眼泪》中，马伊琍饰演的潘云，就很好地诠释了性感资本的内涵。潘云是个现代白领，长得漂亮，身材妖娆，最重要的是工作能力非常强，是公司的销售冠军。如此几个得天独厚的条件，让她真正拥有了性感资本，即使是CEO，也为她的魅力所折服。当她游刃有余地面对客户，不但拿下订单，且能保证自己毫发无损，相信围坐在电视机前的观众们一定会暗暗地给她竖起大拇指。自古以来，商场如战场，尤其是销售人员的工作难度堪称巨大。即便如此，潘云依然非常出色，干得漂亮。潘云美丽的外表、超强的工作能力和强大的内心，成就了她真正的性感——这是一种由内而外的综合实力。这种实力与普通的能力不同，不需要刻意表现，而是像气质一样自然而然地散发出来。

在职场上，如果能够拥有性感资本，并且将其运用得炉火纯青，那么职业生涯一定会平步青云。然而，这种能力并非只靠天分，经过后天不断的努力实干也是能够获得的。现代社会，人们的观念越来越开放，所以我们也应该更加理智地对待性感。与其佯装羞涩，不如不卑不亢地表现自己，锻炼自己，让

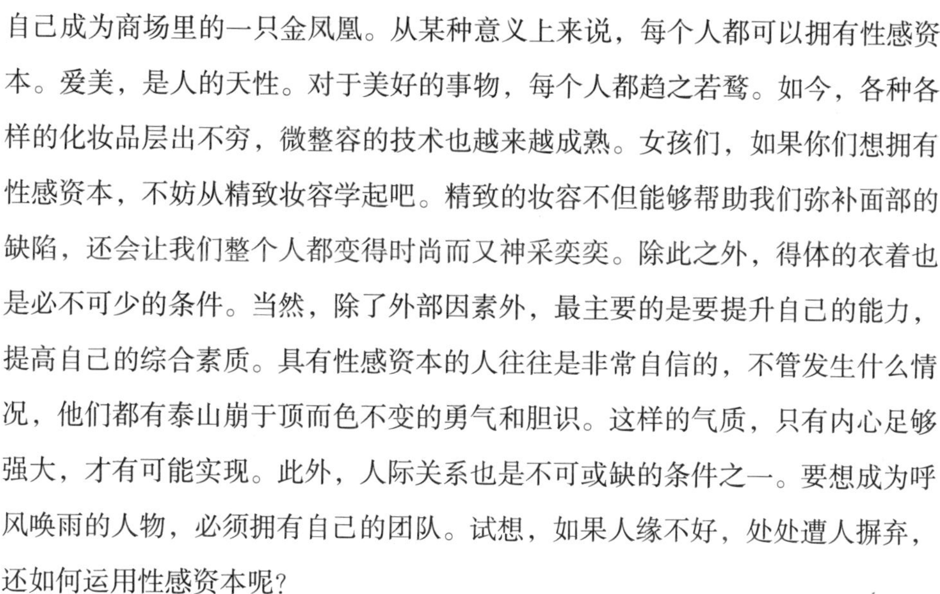

自己成为商场里的一只金凤凰。从某种意义上来说，每个人都可以拥有性感资本。爱美，是人的天性。对于美好的事物，每个人都趋之若鹜。如今，各种各样的化妆品层出不穷，微整容的技术也越来越成熟。女孩们，如果你们想拥有性感资本，不妨从精致妆容学起吧。精致的妆容不但能够帮助我们弥补面部的缺陷，还会让我们整个人都变得时尚而又神采奕奕。除此之外，得体的衣着也是必不可少的条件。当然，除了外部因素外，最主要的是要提升自己的能力，提高自己的综合素质。具有性感资本的人往往是非常自信的，不管发生什么情况，他们都有泰山崩于顶而色不变的勇气和胆识。这样的气质，只有内心足够强大，才有可能实现。此外，人际关系也是不可或缺的条件之一。要想成为呼风唤雨的人物，必须拥有自己的团队。试想，如果人缘不好，处处遭人摒弃，还如何运用性感资本呢？

女性朋友们，对于自身的投资是回报率非常高的。假如你觉得自己有一定的潜能，稍加调整就能拥有性感资本，那么一定不要错过这样的机会。不管是在外貌还是在学识上，都要大力投资，让自己拥有这种资本。一旦你把性感资本运用成熟，就相当于成功了一半。当然，拥有性感资本后如何运用，需要你独具匠心，审时度势，随机应变。

曾经的英国王妃戴安娜，是一个非常骄傲的女性。她特别美丽，在最美的年纪与查尔斯王子结识，彼此给对方留下了很好的印象。作为英国王室的继承人，查尔斯身边从来不缺漂亮的女人，然而，他还是被戴安娜的纯情打动了。戴安娜的美与众不同，高贵优雅，且散发出淳朴的气质。她身材高挑，正是查尔斯所喜欢的。就这样，查尔斯王子爱上了这位灰姑娘。在家庭生活中得不到重视的戴安娜，居然成了查尔斯王子的心上人，这对她来说是做梦都梦想不到的。在如童话般的世纪婚礼上，戴安娜成为了英国的王妃。结婚之后，她处处提升自己，努力适应王室生活。然而，没过多久，戴安娜就发现查尔斯和卡米拉有着暧昧的关系。

聪明的戴安娜利用媒体的力量，让一切都指向卡米拉，自己则以婚姻受害者的形象出现。她的确博得了广大媒体的同情，也导致查尔斯，尤其是卡米拉受到了公众的讨伐。卡米拉充满智慧，论美貌，她远远不如戴安娜。但是，在这风头浪尖上，她始终保持低调，从不谈及自己和查尔斯的关系，更没有恶意中伤戴安娜。正是这隐忍的态度，让查尔斯的心渐渐与卡米拉靠拢。尽管戴安娜拥有媒体的支援，却因为失去了查尔斯的心而失去了全世界。为了再次赢得查尔斯的心，戴安娜费尽心机。她甚至冒着生命危险从楼梯上滚下来，然而查尔斯对她的心机敬而远之。最终，不吵不闹、默默承担的卡米拉赢得了查尔斯的爱和感动。

在上述事例中，相貌远远不如戴安娜美丽的卡米拉，之所以能够赢得查尔斯的心，就是运用了性感资本。在饱受争议的时候，强者未必能够博取同情，讨伐的呼声越高，反而使查尔斯越来越远离戴安娜。与戴安娜的做法恰恰相反，卡米拉选择了沉默和隐忍。她理解查尔斯的苦衷，所以闭口不言，不再给查尔斯增加任何麻烦。这样的体谅和示弱的姿态，让查尔斯心里的天平在不知不觉中偏向了她。

戴安娜之所以败给卡米拉，不是因为不够美丽，也不是因为不够聪明，只是没有示弱，没有隐忍。她得理不饶人的劲头让查尔斯对她避之不及，甚至可以说是她把查尔斯推到了卡米拉身边。女性朋友们，性感的表现形式多种多样，你们一定要用心雕琢自己，才能拥有性感的资本。当然，要想用好性感资本，还需要审时度势，把握时机，适当且适度。

心理小贴士

1.性感并非暴露。真正的性感，是骨子里的气质，是一种不动声色的吸引。

2.性感资本比我们想象得更加宽泛，女性朋友们在运用性感资本的时候，一定不能局限。

3.性感资本，能够帮助我们做成很多事情，也能帮助我们在成功的道路上加快脚步。

婚姻是影响你一生的“投资”

人与物、人与人之间的关系有很多种，可以说，整个世界就是一张错综复杂的关系网。在所有的关系中，最微妙最影响深远的关系，就是夫妻关系。很多没有步入婚姻围城的人，总觉得因为爱情而结婚是人世间最幸福的事情，并且天真地幻想着结婚之后一切都会很顺利，很通达。实际上，当两个人组建成一个家庭，不但收入增多了，支出也大大增多；不但幸福增多了，烦恼也成倍增长。如果说婚姻是一种投资，那么这种投资对我们的一生影响深远，甚至会起到至关重要的作用。有人曾说，女人的一辈子有两次投胎，一次是出生，一次是嫁人。由此可见，婚姻对于女人的一生有多么重要的影响。其实，婚姻不仅仅影响女人的命运，也在很大程度上影响着男人的命运。俗话说，女怕嫁错郎，男怕入错行。现实情况是，男人同样害怕娶错人。常言道，男人是搂钱的耙子，女人是装钱的匣子。尽管现代社会男女平等，也没有所谓的男主外，女主内的说法，实际上，男人和女人在家庭中还是有分工合作的。从某种意义上来说，在一个家庭里，家庭生活是否幸福，女人起到至关重要的作用。因此，不管是对男人来说，还是对女人来说，婚姻都是至关重要的。

为什么说婚姻是投资呢？好的婚姻，1+1远远大于2。不幸的婚姻，1+1甚至会远远小于1。幸福的婚姻是加法，能够让幸福和快乐成倍增长；不幸的婚姻是减法，会让我们非但无法得到更多的快乐，甚至还会失去原有的快乐。年轻的朋友们，在寻找人生伴侣，携手迈入婚姻殿堂的时候，一定要慎之又慎。不管我们是否承认，婚姻从本质上来说就是一种投资。尽管现代婚姻法规定结婚自由，并且可以根据当事人的意愿随时办理离婚手续，然而，婚姻毕竟不是儿戏，也不是我们的数学题，有草稿纸可以进行数次演算。在人生的白纸上，有些错误虽然可以更正，却不可能做到了无痕迹。每个人在人生之路上前行，都背负着沉重的过去和未知的未来。既然婚姻是投资，那么在步入婚姻之前，我们首先应该做好付出的准备。聪明人都知道，任何投资，都是先付出才有回报。婚姻也不例外。在婚姻之中，我们不但要投入自己的金钱，还要投入自己的感情、经验和阅历。总而言之，我们带着所有家当走入婚姻，奔向幸福。

在投资婚姻之后，我们原本简单纯粹的个人生活变得瞬间复杂起来。按照中国的国情，结婚不是两个人的结合，而是两个家庭的结合。而两个家庭的结合，不仅关系到生活习惯、地域差异，还有家庭背景、价值观等。在大城市，很多年轻人都来自天南地北，有内蒙古的姑娘嫁给广州的小伙子，也有新疆的小伙子娶了上海的姑娘。如此广阔的地域跳跃，让他们的婚姻也五彩斑斓。很多南方的媳妇吃不惯北方婆婆做的饭菜，很多东北婆婆看不惯上海媳妇的娇弱。就这样，原本简单的夫妻生活状况百出，婚姻的投资也面临着诸多风险。这个时候，作为婚姻主体的媳妇儿自然就得承担起统筹和协调的重任。很多网友在过年前一个月就开始吐槽，无数新婚夫妻为了去谁家过年而反目成仇。如何协调这些关系呢？婚姻的投资中，首先要处理好的就是丈母娘和女婿的关系，婆婆和媳妇的关系。在此基础上，还要协调好七大姑八大姨之间的平衡。当然，这一切的先决条件都是良好的夫妻关系。如果作为根本的夫妻关系都不好，那么一切都会成为空谈。就像《红楼梦》中的王熙凤，她这个当家人虽然把贾母哄得高高兴兴，把当红的贾宝玉安排得妥妥帖帖，并且把顶头上司王夫人和邢夫人也照顾得非常周到，但是却是一个苦命的人儿。究其原因，就是因为她没有处理好夫妻关系。这也就注定了她的婚姻投资是失败的。不管什么时候，幸福都是婚姻投资的最终目的。一切盈利都要以夫妻关系的幸福为基础，否则就没有立足之地。

聪明的人们，看到这里，你们一定了解了本章的主旨，即婚姻投资的成功取决于幸福的夫妻关系。婚姻是事关一生的大事，无论婚姻多么自由，都依然具有神圣的意义。家庭是这个社会的最基本单位，家庭的和谐与否直接决定了社会的稳定。在进行婚姻投资之前，无论我们考虑多少客观因素，诸如对方是否与自己般配、对方是否具有发展潜力、对方能否承担起家庭的重任、对方是否是贤妻良母、结婚能给自己带来怎样的好处等，都首先要问自己你们是否相爱，是否愿意与对方携手并肩走过漫长的一生。人生，从来不是一帆风顺的，所以人们常说人生之不如意十有八九。人的一生，就是不断征战的一生，战胜困难，战胜突如其来的灾难，战胜未知的未来等。只有真心相爱的两个人，才有可能不离不弃，执子之手，与子偕老。曾经有位名人说，陪伴是最长情的告白。的确，爱情的轰轰烈烈很容易就能做到，然后，相濡以沫一辈子却并非说起来那么容易。很多投资可以止损，婚姻的投资不能止损。因为止损意味着放弃，意味着对对方的背叛。不管遭遇怎样的困难，相爱的人都会风雨同舟，日夜兼程，手牵手地奔向远方。选择对的人一起步入婚姻的殿堂，你的人生就成功了一半。反之，如果婚姻不能得到幸福，拥有再多也是贫穷的。

心理小贴士

1.婚姻是一场投资，有输有赢，必须慎重对待。

2.爱情是婚姻的基础，没有爱情的婚姻是不道德的，也势必无法天长地久。

3.姻姻是一场关系学，以良好的夫妻关系为基础，还必须搞好各种各样的关系。只有各种关系都融洽和谐，婚姻才能如愿以偿地获得幸福。

失败，是成功的资本

每个人都渴望成功，惧怕失败。殊不知，没有人能够一蹴而就获得成功，大多数的成功都是在尝尽失败的滋味之后，历尽艰辛才得到的。因为惧怕失败，我们常常裹足不前，不敢轻易尝试。当年轻气盛的时候，年轻就是我们的资本，我们完全没有必要担心失败。因为即使失败，也比止步不前更好。我们有很多好的想法和创意，听起来像是天方夜谭，其实都是金点子。假如把这些想法付诸实践，有相当多的主意会在实践中获得成功，成就我们的梦想。然而，因为担心，也或许是杞人忧天，我们选择了放弃。如果没有尝试，也就没有失败，我们的人生没有失败的阴影，却也失去了成功的希望。面对苍白无力的人生，当进入暮年的时候，想必大多数人都会后悔吧。

在这个世界上，有哪件事情是没有风险的呢？可以说，凡事都有风险。在人生之中，我们常常面临机遇，有的时候，我们面临的是千载难逢的机遇。在这种情况下，我们必须张开怀抱去迎接可能到来的失败，才有可能获得成功。古人云，失败是成功之母，还有人说，失败是进步的阶梯。的确如此，失败是值得我们感恩的。举个最简单的例子，每个人在学校的时候都经历过无数次考试，对于考试中出错的地方，老师在讲解的时候总会说“这次错的同学只要认真订正，下次就不会再错了”。事实果然，这次错的题目，在用心地听老师讲解并且订正之后，就留下了深刻的印象，再也不会出错了。人生也是如此。很多父母或者长辈，总是对孩子各种限制和叮咛，生怕孩子走自己年少之时走过的弯路。实际上，有些错误是别人无法替代的，父母曾经犯过的错，不代表孩子也有了免疫力。只有孩子也犯了同样的错误，他才会反思自己，不再把父母的叮嘱当成耳边风。

年轻的朋友们，勇敢地去尝试吧。趁着年轻，趁着一切都可以重来，即使失败了，也无怨无悔，反而心怀感恩。当你失败的次数越来越多，你会发现自己距离成功也越来越近。伟大的科学家爱迪生发明电灯的过程中，为了寻找合适的材料当灯丝，足足试验了上万次。可以说，他的成功就是失败累积起来的。当然，这里所说的拥抱失败并非让大家在做事情之前不考量，而是说在深思熟虑的基础上，预估最坏的情况和最好的情况，然后勇敢地尝试。尝试，还有成功的机会，不尝试，则连失败的机会都没有。人生，就是一张白纸，我们从白纸起步，不停地积累经验。很多情况下，推动我们进步的恰恰是一次次的失败。与其让金点子停留在空想阶段，不如勇敢地将其付诸实施，这样一来，即使失败了，也是切身经验，也能让你改进之后的想法更加成熟和可行。

在好莱坞，史泰龙大名鼎鼎，是不折不扣的大腕。然而，谁能想到，在出名之前，史泰龙的生活非常困窘，甚至买不起一件穿得出去的西服。即便生活如此艰难，他依然在坚持梦想：当演员，拍电影，功成名就。史泰龙心知肚明，好莱坞有五百家电影公司。为了让拜访更加有效，他事先设定了线路图，按照规划好的顺序挨家拜访。他还带着剧本，那是非常适合他的剧本。然而，逐个拜访下来，他居然被五百家电影公司拒绝了。这样的打击，对于大多数人来说都是致命的，为什么五百家公司中没有任何一家公司对他感兴趣呢？史泰龙没有气馁，他再次按照名单和线路图，开始了第二轮拜访。这需要多么大的勇气和自信啊，命运似乎在和他开玩笑，他的第二轮拜访依然毫无所获。没关系，史泰龙坚信自己有一天一定会成为电影明星，抱着这个梦想，他开始了第三轮拜访。这轮拜访的前349家，依然给予他拒绝。直到第350家电影公司的老板，才对史泰龙的剧本表现出稍许的兴趣。看完剧本后，老板通知史泰龙去公司详细聊聊。这次，史泰龙为自己争取到出镜的机会，而且是男1号。这部电影的名字叫《洛奇》，这个剧本就是史泰龙创作的。从此之后，电影史上多了一个演员的名字——史泰龙，也多了一部富有传奇色彩的电影——《洛奇》。

仅仅是逐一拜访500家电影公司，听上去就已经有点儿不可思议。更让人惊讶的是，在被500家电影公司拒绝后，史泰龙选择重新拜访一次，并且在第二轮拜访也毫无结果的情况下，开始了第三轮拜访。第三轮拜访听起来也不那么顺利，毕竟是到第350家影视公司，老板才想看看他的剧本。这需要多么顽强的毅力和勇气，如果没有自信，一定无法坚持下去。可以说，史泰龙的成功是踩着一次次失败，才能登顶的。

生活中的人们，看看史泰龙的今天，再看看他的昨天，你们一定知道自己应该怎么做了吧。每一个成功人士的背后，都充满着无数次的失败。他们之所以能够获得成功，是因为他们坦然接受失败，并且将失败变成自己进步的阶梯。从失败中积累的经验、汲取的教训，对于我们行走人生之路大有裨益。

心理小贴士

1.失败是成功之母，失败是进步的阶梯。

2.当你学会从失败中汲取经验和教训，你就能踩着失败的阶梯获得极大的进步。失败，是一次反省自身、完善自身的好机会。

3.如果说成功需要资本，那么失败就是成功必不可少的资本之一。

是金子，也要找到舞台

民间有句俗话，叫是金子总会发光的，还有句俗话，叫酒香不怕巷子深。这两句话曾经在未知的年代非常流行，彰显出一种自信。然而，放在现在的市场经济中看，这样的做法完全不符合现代营销的观念。按照现代营销学的思路，是金子也不能被埋没在泥土中，而要找到华丽的舞台；酒再香，也不能藏在深深的巷子里，而要走出来名扬天下。这已经不再是刘备三顾茅庐请出诸葛亮的年代，而是“亮剑”的年代。你说自己是谋臣，就要拿出可行的方案和计谋；你说自己是勇士，就要勇敢地亮出你的剑；如果你是千里马，那么千里马常有而伯乐不常有，所以你要寻找能够欣赏你、赏识你的伯乐，这样才不至于埋没自己。

现代社会的人才，要学会展示自我，展示自己的好产品。当然，这里所说的展示和自我吹嘘完全不同。所谓自我吹嘘，指的是夸大其词地炫耀自己的能力，言过其实地介绍自己产品。展示则不同，展示是一种客观的呈现，是为了让外界加深对自己的了解而采取的营销手段。人们常说，现代社会的每一个人，首要任务都是把自己推销出去。这句话很有道理。试想，你去找工作，面试的过程中展示才艺和能力，难道不是推销自己吗？你推销自己的产品，如果不能让对方首先认可你信任你，人家怎么可能购买你的产品呢？所以，每个人都应该勇敢地展示自己，这和谦逊的品格完全不相违背。

人们常说，心有多大，舞台就有多大。现代社会的年轻人在求职的过程中，如果唯唯诺诺，过于谦虚，一定无法为自己找到最合适的舞台。舞台，是一个人展示自己的平台，舞台的大小，决定了我们发展的高度。因此，年轻的人们，不要再盲目谦虚啦，也不要等着伯乐辛苦地寻找你的踪迹。海阔凭鱼跃，天高任鸟飞。只要你愿意，只要你有能力，你就应该为自己争取最大的舞台。只有这样，你的人生才能上升到前所未有的高度。命运创造的奇迹，永远掌握在我们自己的手里。

最近，小薇在小区的底商开了一家美容院。刚开始的时候，美容院的生意非常不好，因为小薇坚持说自己的美容院用的都是最好的材料，服务也是一流的，即使不做任何推广，也能博得顾客的认可。这样一来，可以把节省下来的大额广告费让利给消费者，让消费者受益。然而，几个月下去，小薇的美容院门可罗雀，小薇不由得郁闷起来。

恰逢暑假，小薇学习营销专业的表妹也来店里帮忙。看到生意如此清淡，表妹问小薇："表姐，你难道没有做广告吗？按道理来说，广告的效应在第三个月就应该凸显出来了。"小薇郁郁寡欢地说："没有打广告。我的美容院真材实料，服务一流，我相信大家口耳相传，一定会有口皆碑的。"表妹惊讶地说："即使你的美容院再好，也是需要广告的呀。你不知道，现在已经不是酒香不怕巷子深的年代了。现代社会，信息传播速度非常快。只要在电视、网络上的广告起到效果，你的生意马上就会好起来。你觉得人们现在还会四处打听'哪家美容院好'吗？"在表妹的一番洗脑下，小薇不由得反思自己：也许，在刚刚开业没有名气的情况下，广告确实是有必要的。在表妹的帮助下，小薇不但在电视、网络上做了广告，还专门做了好几场社区活动，让周围的女性前来体验。果不其然，两个月之后，店里的生意越来越好，每天都顾客盈门。在表妹的建议下，小薇还把自己的相关资格证书挂在店里，向每一位顾客介绍自己是正规美容院校毕业的。

上述事例中，如果小薇始终想依靠口耳相传的方式扭转局面，几乎是不可能的。首先，现代社会的人们不会口耳相传，相反，他们会更多地在网络上了解很多事情。其次，小薇的美容院刚刚开业，顾客又很少，根本不可能造成有口皆碑的效果。最后，如果不亮出自己的相关资格证书，大多数女性对于"面子"问题都很慎重，毕竟现在不具备资质的美容院很多，让大家心有余悸。幸好，表妹的到来形成了酒香也要名扬天下的局面，再加上小薇的专业资格证书，更加锦上添花，彻底打消了消费者的疑虑。

作为现代社会的年轻人，一定要有营销观念。我们只有把自己推销出去，才能拥有成功的人生。如果是金子即使埋在泥土里，也能发出光芒，那么金子在合适的舞台上，则会更加璀璨夺目。

1.现代社会的人生就是一场营销，首要的任务就是推销自己。

2.成功需要很多因素的支持，其中，展示自己是迈向成功的第一步。

3.不管做什么事情，我们都要勇敢地推销。这是一个推销的时代。

好人缘，助你走向成功

现代社会，不仅要有真才实干的精神，还要有超强的能力。这种能力涉及很多方面，例如，工作的能力、协调的能力、团队合作的能力等，其中最不可或缺的是人际交往的能力。人是群居动物，喜欢挤在一起取暖。此外，现代社会还要求人们之间进行良好的沟通与合作，因为没有人能够仅仅依靠自己的力量获得成功。随着时代的进步，科学技术的不断发展，如今，整个地球已经越来越小，成为了一个地球村。坐上飞机，我们很快就能从中国到达世界上的任何一个地方。坐上火箭，去往月球也不再是难题。由此一来，人们的生活半径越来越大。这就意味着整个地球居住的密度越来越大。往大的方面说，未来宇宙也许会变成人类共同的家园。从小的角度来看，我们首先应该和身边的人搞好关系。没有人能够独立存在于世，我们要想获得更好的发展，就必须处处与人合作。良好的人际关系，是合作的基础，也能从很大程度上推动合作的发展。

如何拥有好人缘呢？很多人在进餐时，都有舌头被牙齿咬到的经历。舌头和牙齿共同生活在口腔之中，尚且互相磕碰，更何况是人与人之间呢？每个人的成长经历、教育背景、脾气秉性，都完全不同。如此不同的人在一起工作和生活，进行或者疏离或者亲密的接触，难免会产生摩擦和矛盾。在这种情况下，让人际关系变得更加融洽的根本方法就是调整心态，让自己心胸开阔。人世间，除了生死是大事，其他的都是不值一提的小事。我们必须调整好心态，坦然面对是非得失，才能淡定从容，不再动辄生气恼怒。其次，我们还要学会宽容待人。古人云，人非圣贤，孰能无过。对于别人无心之间犯下的过失，如果你能不计较，甚至以德报怨，那么你一定能够拥有好人缘。最后，拥有好人缘，还要学会付出。舍弃和得到，原本都不是绝对的。很多时候，人们常说吃亏是福，其实就是弄明白了舍弃和得到之间的关系。有些人总是害怕吃亏，其实吃亏又何尝不是一种得到呢？与其算计来算计去，死了无数脑细胞，不如豁达一些，即使吃了亏，也收获了平静的内心。假如能够做到以上三点，你的人缘往往不会差的。人和人之间的交往也需要缘分，如果根本不是一路人，志不同道不合，那么不管如何妥协迁就，也是无法成为好朋友的。交朋友，原本就是顺其自然，水到渠成的事情。

在战火纷飞的年代，有一位犹太传教士。他每天清晨都早早起床，在固定的时间去郊外散步。不管遇到哪位乡邻，他都会面带微笑，真诚地问候他人："早上好！"对于这位传教士，有一个叫米勒的年轻人很不以为然，甚至满怀敌意。因为他讨厌犹太人，也不喜欢所有的传教士。看着米勒漠然的表情，犹太传教士从未计较。每天早晨，只要看到米勒的身影，他依然会面带微笑，真诚地问候他"早上好"。功夫不负有心人，终于有一天早晨，米勒似乎被犹太传教士感动了。尽管他依然面色冷漠，却勉为其难地摘下帽子，也向传教士鞠躬，并且回应"早上好"。

几年之后，纳粹党取得政权。有一天，纳粹党把全村的人，包括传教士在内，全部都集中起来，准备将他们送到堪比人间地狱的集中营中。由于人数众多，他们不得不杀死一部分人，留下一部分人。这些人的生杀大权都掌握在一个年轻的军官手中，军官手里握着一根棍，人们依次走到他的面前，他随机说

“左”或者“右”。“左”意味着死亡，“右”意味着暂时得到了生的机会。当传教士听到自己名字时，不由得浑身瑟瑟发抖，他心惊胆战地走到指挥官面前，抬眼看了看指挥官。这时，他看到了一双熟悉的眼睛，不由得脱口而出：“早上好，米勒先生。”米勒先生和以往一样表情漠然，却也小声地：“早上好。”他们的声音很低，即使是站得最近的人，也听不到。就这样，军官漫不经心地往右一指，传教士悬着的心终于放了下来。

没有人会拒绝别人的好意。在上述事例中，假如传教士几年来不曾每天早晨都向米勒先生问好，表达自己真诚而又充满善意的问候，那么也许这次就无法获得生还的机会。可以说，是他的好人缘拯救了自己的命运。

年轻人们，人和人之间，不应该像刺猬一样，用自己身上的刺扎伤对方。即使是对于陌生人，我们也应该尽量表示友好，毕竟，地球是一个大家庭，每个家庭成员都应该和睦友爱。很多时候，我们的好人缘看似没有回报，其实，它已经悄悄地将善良和友好的种子种在了他人心中。只要我们坚持真诚友善地对待他人，就一定能够得到他人真心的回报和交好。

心理小贴士

1.大凡成功人士，都不会是孤胆英雄。刘备之所以三顾茅庐，是因为仰慕诸葛亮的才华。常言道，三个臭皮匠，顶个诸葛亮。由此可见，我们也应该和臭皮匠结下缘分哦！

2.真诚友善、宽容博爱，只有做到这一点，你才能拥有好人缘。

3.朋友的帮助，总是能给我们雪中送炭，锦上添花。

女子柔道，你不得不知晓的秘密

在大多数人的心中，男人是阳刚的化身，女人是温柔的化身。似乎，男人天生就应该生就金刚不坏之躯，并有顽强的意志力。女人呢，应该是水做成的，无形无色，润物细无声。用水来比喻女人，的确是再合适不过的。也许有人会说，水有什么好的，没有形状，随遇而安。其实，这是因为你不了解水。水，是极具渗透性的物质，几乎能够渗透到大多数物质中，变成其一部分。如此深入内部的性质，使得水变得无法战胜。此外，水也是有很多形态的。温度适宜的情况下，水可以变成气体，升腾如云，也可以变成冰，质地坚硬。女人也是如此。虽然她们看起来很软弱，但是实际上韧性极强。在很多灾难和打击面前，即使刚强的男人倒下了，柔韧的女性也在苦苦支撑。把女性的特质用在灾难面前，这种特质就会变成最坚硬的钢。

当然，女性最主要的本能就是柔软。不管是从生理的角度来说，还是从心理的角度来说，女性都是非常柔韧的。她们能屈能伸，能文能武亦能舞。女性像是具有无限的弹性，即使在生活的狭缝里，也能很好地生存下去。在现代社会，生活压力越来越大，工作的节奏越来越快。很多女性都走出家门，与男性在职场上平分秋色，同时肩负着照顾家庭的重要责任。这也就导致女性承受的压力倍增。在应对生活的过程中，当烦恼和压力蜂拥而至的时候，有些女性选择以强硬的姿态面对生活，其实她们忘记了，她们最大的本领是柔道。的确，很多女性都遗忘了自己的制胜法宝——柔道。无论再怎么伪装坚强，女性的本能依然是柔软。柔软的身体，柔软的精神，以柔制刚的方法，不但能够保存实力，还会渗透人心，让对手情不自禁地缴械投降。

杜微结婚五年了，自从去年有了孩子之后，婚姻生活越来越忙碌，杜微有时候恨不得自己能生出第三只手来，以便把堆积如山的锅碗瓢盆和衣服都刷好，洗完。然而，她只有两只手，还必须时刻保护正在蹒跚学步的孩子，以免他磕了碰了。她老公张明的生活则没有太大的变化，他工作很忙，常常晚上七八点才回家，匆匆忙忙吃点儿饭，就又钻进书房了。对此，杜微意见很大。每当忙极了累极了，她就会埋怨张明："这个家是我一个人的吗？你永远都当甩手大掌柜的，难道你没看见洗衣机里塞满了衣服，厨房堆满了碗筷，连垃圾桶都被塞得满满的吗？！难道孩子是我一个人生出来的，和你没有任何关系吗？！”一连串的反问句，让双手掐腰的杜微看起来就像一个不折不扣的悍妇。这时，张明总是心生反感，也抱怨连天：“我难道没有工作吗？我天天起早贪黑的，难道不是为了这个家吗？你和孩子，吃好的穿好的，难道不需要钱吗？！”“你永远都是工作工作，难道我做的就比你更轻松吗？难道工作就是你对家里不管不顾的理由吗？！”如此一来，他们又开火了。他们已经记不清楚，自从有了孩子之后，这是他们多少次的争吵了。

其实，上述事例中的情况在很多家庭中都出现过。只不过，有些家庭解决问题的方式和杜微、张明一样，一番争吵之后，一切照旧。如此陷入恶性循环之中，没过几天，又得再次争吵，因为没有任何一次争吵能够切实解决问题。假如能够换一种方法和思路，也许问题的解决就会截然不同。

在张明回家的时候，杜微让孩子扑过去，抱着爸爸的双腿喊“爸爸”。只需要几声爸爸，张明的心一定会感觉柔软而又温馨。吃着妻子做好的美味饭菜，张明也许会关切地问：“今天很累吧。都怪我，下班太晚了。”杜微呢，虽然很疲惫，依然微笑着说：“还好，就是孩子太调皮了。他现在简直就是一个探险家，家里的每一个角落每一件家具，都是他要征服的领域。大部分家务我都做完了，就是等你吃完饭，你需要刷碗，再把洗衣机里的衣服洗一洗。我得带宝宝洗澡，如果等到干完这些家务，就影响他睡眠了。咱们这样分工合作，正好他洗澡睡觉之后，碗筷和衣服也都处理好了。我想，咱们还可以喝杯红酒，再看一部你喜欢的大片，白天的时候，我已经抽空下载到电脑里了。你觉得呢？”对于妻子这样的安排，张明觉得非常合理，且浪漫温馨。既照顾了孩子，又给他们夫妻二人留出了温馨的私密时间。因此，张明赶紧吃饭，然后抓紧时间干活。为了让妻子高兴，他甚至在等待洗衣机洗好衣服的时间里，把地板也拖得干干净净的。他知道，妻子喜欢赤着脚走在干爽的地板上。

等到妻子和孩子洗完澡，妻子去哄孩子睡觉，张明也冲了个澡。这一切都忙完，已经九点半了。这时，孩子正沉睡在甜蜜的梦乡中，张明则搂着妻子，闻着妻子的发香，一起观赏影片。他们时不时地相视一笑，端起红酒喝一口。这注定是一个浪漫的夜晚。这样的一个夜晚，会让张明白天工作的劳累和妻子侍弄孩子的劳累都一去无踪。明天，又是充满希望的一天。

上述事例中，杜微采取的态度不同，张明的反应也截然不同。在强硬的态度中，张明马上变成一只斗鸡，对妻子毫不相让。在妻子示弱的态度中，张明则被妻子的似水柔情融化，心甘情愿地为妻子分担家务，以便留出浪漫的私密时间。生活需要调剂，我们以微笑面对生活，生活也会回馈我们幸福；我们以抱怨面对生活，生活也会变得愁眉苦脸。尤其是在婚姻生活中，妻子的柔会软化丈夫的刚，让夫妻之间变得充满温情，家庭生活温馨和谐。

以柔克刚的办法，不仅仅适用于家庭，也同样适用于工作。在诸多人际关系中，以柔克刚都能起到很好的作用和效果。年轻人们，年轻气盛的你们是否懂得以柔克刚呢！实际上，以柔克刚不仅是女性的制胜法宝，男性偶尔使用，也可起到意想不到的效果哦！

心理小贴士

1.柔不是软弱无能，而是机智的示弱。

2.钢虽然很硬，却缺乏韧性。韧性，在很多时候比刚硬更强大。

3.女子柔道，男性也可以偶尔借鉴使用哦！

第 07 章

别害怕时光流逝，有梦想随时都可以再开始

每个人都害怕青春流逝，生命一去不返。自古以来，长生的梦想始终存在。其实，生命最重要的不是长度，而是宽度。如果整日庸庸碌碌，活着却没有创造任何价值，那么活着还有什么意义呢？生命，最重要的是不要虚度。有些人虽然生命很短暂，但是却活得轰轰烈烈，那么他的生命就是有意义的。尤其是年轻人，千万不要因为担心时间流逝而郁郁寡欢，人生，什么时候开始都不算晚。尤其是在实现梦想的道路上，每一个今天都可以作为崭新的开始。

耐住性子，守得云开见月明

施耐庵在《水浒传》中记载：“莫语常言道知足，万事至终总是空。理想现实一线隔，心无旁骛脚踏实。谁无暴风劲雨时，守得云开见月明。花开复见却飘零，残憾莫使今生留。”这首诗传达了一种积极乐观、奋发向上的精神。的确，谁无暴风劲雨时，每个人在人生的路上都会遭遇坎坷挫折，很难一帆风顺。重要的是，千万不能放弃希望，更不能一味沉沦。只要心中有希望，只要坚持不懈、持之以恒地努力，人生就一定会有柳暗花明的那一天。在现实生活中，很多人都耐不住寂寞，总是急切地盼望成功。殊不知，没有任何人的成功是一蹴而就的。在通往成功的路上，总是布满荆棘，刺破我们的双脚，划破我们的衣服。如果一遇到困难就放弃，那么我们永远也无法攀登人生的顶峰。大凡成功者，一定是在失意的时候不失志，得意的时候不忘形，才能不忘初心，勇往直前。

很多年轻人在创业的过程中，迫不及待地想要获得成功，总是不能够脚踏实地，而是心浮气躁。毋庸置疑，每个人都应该仰慕成功，追求成功，就像一位名人说的，不想当将军的士兵不是好士兵。人生恰如战场，虽然你想当将军，但是首先必须在枪林弹雨中涅槃，经历战火的洗礼。没有一个将军是从天而降的，没有浴火重生的将军不是好将军。同样的道理，侥幸获得成功的人未必能够拥有成功的人生，只有在失败面前百折不挠，从不气馁，才能成为真正的强者，才能拥有成功的人生。

对于奥斯特洛夫斯基而言，命运不但在捉弄他，而且非常残酷地对待他。因为家庭贫困，他只读了三年书。少年时期的他，就响应祖国的号召参加了战斗。子弹是不长眼睛的，16岁的他眼睛受伤，右眼彻底失明。虽然年仅20岁，他却已经浑身患病，卧床不起。尽管命运如此不公平，他却从未自怨自艾。他常常想：掉队是让人难以接受的事情。为了让自己跟上生命的步伐，他不但以重度残疾的身躯读完了大学课程，还阅读了大量的世界名著。正是对知识的渴求，他才能一路勇往直前。

受到书籍的熏陶后，奥斯特洛夫斯基的文学素养有所提高。他开始写作一部中篇小说，小说中描述了他在部队中那些英勇无畏的战友。然而，杂志社没有认可他的小说。不过，他毫不气馁，而是继续努力。他知道，人生必须一步一步地攀登，一步登天的事情是很少发生的。他在努力创作的同时，不得不忍受身体的病痛。他认准了目标，从未放弃，直到1932年，他才完成了《钢铁是怎样炼成的》。这本书成了一代青年的精神食粮，鼓舞年轻人以钢铁般的意志面对生活的挫折和苦难。自此，他找到了新的战斗方式，用书籍唤醒人们心中的力量。从此之后，他以笔为枪，开始了新的战斗。作为一名战士，他用枪战斗；作为一名作家，他用笔战斗。他的一生过得充实而有意义！

奥斯特洛夫斯基说："人，最宝贵的是生命。每个人都只有一次生命。一个人的生命应当这样度过：当他回忆往事时，不会因为虚度年华而懊悔，也不会因为碌碌无为而羞愧；在临死时，他能够说：'我的整个生命和全部精力，都已献给世界上最壮丽的事业——为人类的解放而斗争。'"奥斯特洛夫斯基的确如自己所说的那样走完了一生，他的一生是战斗的一生，是勇敢无畏的一生。虽然命运对他如此残酷，他却从未埋怨命运的不公。相反，他始终默默地努力，坚持自己心中的梦想。

生活中的人们，千万不要畏惧生命中的挫折。正是因为有了它们，你们才会拥有钢铁般的意志，在各种磨难面前，始终坚持梦想，无所畏惧。

心理小贴士

1.人生总是布满荆棘，即使被刺破脚掌，我们也不能停下行走的脚步。

2.每个人都渴望成功，然而，成功从来不会从天而降。只有努力奋斗，成功才会属于你。

3.有梦想，就不会放弃希望。梦想是我们的引航灯，帮助我们在人生的海洋上辨明方向。

你的自信是改变的力量

梦想，听上去总是有些浪漫主义的色彩。的确，对于年轻人来说，浪漫主义是心底永远的旋律。人生，总是那么艰难，如果没有梦想的支持，如何能够披荆斩棘，破浪前行呢？恰恰是浪漫主义色彩的梦想，让我们鼓起勇气，无所畏惧。很多年轻人都坚定不移地相信自己，正是这种相信，让他们有勇气开始。然而，生活中也不乏有些年轻人总是怀疑自己。有的时候，明明他们已经想好怎么去做，却因为他人的一句质疑而马上改变主意。正是因为这样的性格，他们总是无法迈出脚步，让所有梦想都停滞在幻想阶段。尽管相信自己的年轻人有些固执，但是和不自信的年轻人相比，他们最起码能够勇敢地迈出第一步。

就像一位伟人说的，这个世界上绝对没有两片完全相同的叶子。同样的道理，这个世界上也绝对没有两个完全相同的人。每个人，都应该相信自己是独特的存在。既然如此，我们为什么要让别人安排自己的生活呢？即使这个人是我们最亲近的爸爸或者妈妈，他们也无法完全了解我们的内心和我们的渴望。要想活出自己的精彩，我们必须坚定不移地相信自己。了解历史的人会有一个发现，即大凡青史留名的人，他们总是坚定不移地相信自己，向着心中的梦想不断前行。对于成功，每个人都有自己的定义，根本没有统一的标准。而相对于自己，成功就是成为最好的自己。成功是不可复制的，每个人在成功之后会发现，自己走出了属于自己的一条路。

在18世纪，“天花”是一种死亡率极高的疾病。在当时人们的心中，天花几乎是“死神”的代名词。得了天花的人，重则死亡，轻则毁容。当时，要想预防天花，唯一的方法是“种人痘”。“种人痘”必须通过手术的方式，把天花患者身上的脓液接种到正常人的身上。虽然如此，却依然有很多人因为“天花”丧命。伯克利镇上的琴纳医生很想找到一种办法挽救人们的生命，使人们免遭“天花”的魔爪。一个偶然的机会，他听人说起养牛场的挤奶女工以前得过“牛痘”，从未染过“天花”。他经过调查，发现听来的传闻是真的。他很困惑：为什么挤奶女工得过牛痘之后，就不会再患天花了呢？为此，他专门去请教医学专家，问他们能否把牛痘接种到正常人身上。医学专家们全都勃然大怒，觉得琴纳的想法简直不可理喻。他们反对的理由如出一辙：牛痘是牛身上长的，怎么能接种到人身上呢？

琴纳依然坚持自己的想法，他背起行囊，去养牛场观察牛痘的情况。原来，牛痘是一种牲畜之间流传的疾病，症状和天花有些相似。每当牛得了牛痘，身上也会长满水泡，里面充满着脓液。挤奶女工在帮助奶牛挤奶的时候，被脓液感染，就会患上牛痘。不过，牛痘的症状可比天花轻多了，只是维持几天低烧，偶尔会冒出几个水泡。如果只需要付出这样的代价，就能对天花终身免疫，那么无疑是预防天花的好方法。琴纳年复一年地守在养牛厂里观察、研究，最终决定以试验证明自己的理论。1796年的春季，正值牛痘高发时节。他从一个患牛痘的挤奶女工身上取了一些脓液，使其透过皮肤进入一个健康男孩的体内。这个男孩从未患过牛痘，也未得过天花。次日，男孩开始发低烧，在被针尖刺破的地方长出一个小水泡。然而，八天之后，男孩胳膊上的水泡渐渐消失，体温也恢复正常。除了胳膊上长水泡的地方留下一个不起眼的疤痕，男孩又恢复了健康和活力。6个星期之后，琴纳再次用一根沾有天花患者脓液的针刺破男孩的皮肤，从那一刻开始，他的精神极度紧张，几乎无法入眠。他很担心男孩因此沾染天花，然而，几个星期过去了，男孩依然健康活泼。事实的确如他所想的那样，男孩对天花具备了免疫力。

欣喜若狂的琴纳把他的研究成果报告给皇家学会，但是那些高高在上的学术权威却不以为然。他们愚昧地做出预言，说那个接种牛痘的男孩会渐渐长得像一头牛。善良的百姓很信任琴纳，当天花再次肆意蔓延的时候，他们纷纷去找琴纳接种牛痘。毫无疑问，他们都对天花获得了终身免疫力。距离琴纳第一次做接种牛痘实验又过去了78年，时间到了1874年，德国正式推行用种牛痘的方法预防天花，并将其正式纳入法律规定。然而，发明这个方法的琴纳已经于1823年与世长辞了。为了纪念琴纳，人们为他建造了雕像，永远缅怀这位为民造福的乡村医生。

尽管被皇家医学院的医学权威们否定，琴纳却依然坚定不移地相信自己。在他的推广下，无数人因为接种牛痘而免遭天花病毒的伤害。如果琴纳盲目地信奉权威，那么在78年间，不知道还将会有多少人死于天花病毒。

生活中的人们，虽然我们不是琴纳，也未必是救死扶伤的医生。但是，我们却应该具有相信自己的精神。很多时候，真理掌握在少数人手里。即使是人生之中的奋斗、尝试，我们也应该勇敢地相信自己，无所畏惧地迈出第一步。唯有如此，我们才不负青春，不负人生短暂的光阴。

心理小贴士

1.如果自己都不相信自己，你还能指望谁相信你呢？

2.相信自己，你还可以迈出一步；不相信自己，你就永远只能止步不前。人生，需要迎接改变，无畏挑战。

3.如果没有琴纳，必然会有更多人在78年间因为天花丧命。如果不能勇敢地迈出自己的第一步，你再回首的时候，一定会对自己的人生平添些许遗憾。

年轻是最大的资本

古人云，少壮不努力，老大徒伤悲。这句话的意思是劝说人们抓住年轻的时光，奋力拼搏，这样就不会老无所成，徒然伤悲。的确，人的生命是非常短暂的，长不过百年。在这有限的光阴里，没有人能够求得长生不老。既然生命总是这样悄然流逝，一去不返，我们就要抓住有限的生命，做更有意义的事情。当生活不如意的时候，切勿喋喋不休地埋怨。与其埋怨，浪费时间，不如从跌倒的地方爬起来，继续一路向前。在人生之中，决定我们能够走多远的不是我们的双脚，而是我们的远大志向；决定我们能否攀登上人生高峰的不是我们的双手，而是我们的坚强意志。唯有具有远大的志向，而且在实现理想的过程中不因为苦难和挫折退缩，人生才能一往无前。

现代社会，生存的压力非常大。很多年轻人没有任何资本，因而常常觉得自卑。殊不知，年轻人即使没有钱没有经验，也有最大的资本——年轻。因为年轻，我们不会惧怕跌倒。跌倒了，还可以再次爬起来，努力前行；因为年轻，我们不担心失败，失败就是积累经验和教训的过程，是帮助我们成长的阶梯；因为年轻，我们不畏惧未来，即使未来是未知的，我们也依然可以勇往直前。年轻，就是最大的资本。试想，那些成功人士，哪个不是从年轻时的跌跌撞撞一路走来的？平步青云只是一种美好的理想，成功必须脚踏实地，一步一个脚印。

鲁迅先生说，这个世界上本没有路，走的人多了，也便成了路。对于年轻人来说，未必要踩着前人的脚步前进，也可以凭借自己独到犀利的眼光开辟自己的人生之路。即使走了冤枉路，或者走了错路，我们也会因此而看到与众不同的风景。最重要的是，走错了也没关系，还有时间矫正或者重头来过。年轻的心就应该轻狂张扬，肆意放飞自我。对于年轻人来说，当务之急不是不犯错误，而是丰富自己的经验和阅历，为未来的扬帆启航做足准备。

作为全球最大的草根创业者的平台创始人，阿里巴巴的马云现在无疑成了网络销售的风云人物。然而，在富不过马云的时代，也没有几个人年轻时曾比马云更惨过。刚刚毕业的时候，马云求职总是被拒绝，其中有两次都是因为外貌被拒绝的。对于这个长相像外星人的马云，即使是酒店服务员的工作，也将他拒之门外。最终，马云不得不骑着三轮车送货。马云刚开始创业的时候，和朋友合办了一家翻译社。然而，开张第一个月就生意冷清，入不敷出。为了支撑下去，马云不得不开启兼职模式，当起了批发零杂百货的小贩子。后来，马云还上门推销过，经常吃闭门羹。幸好，马云有强大的内心，从未被这一切摧毁。也幸好，马云还年轻，完全有机会重新开始。

在做“中国黄页”的时候，是马云最为艰难的时候。那个时候，国内还没有互联网，大家对马云说的内容完全陌生。要为凭着三寸不烂之舌说出来的东西付钱，没有老板愿意干。马云的团队不但要证明企业的资料确实已经传到网络上，为世界所熟知，还得先证明世界上有种东西叫作互联网。为此，对技术一窍不通的马云只能一遍又一遍地说，逢人就说。直到1995年上海开通互联网，马云终于松了口气，最起码可以让企业客户看到网上的资料和照片了。当时，很多人都因为不了解互联网，说马云是“骗子”。可想而知，马云承受了多么大的压力，创业的路上又有多少阻力。

在决定回到杭州再次创业之前，阿里巴巴团队曾在北京为政府项目工作了一年多。眼看着就要离开北京，马云带着团队一起去了长城。晚上聚餐，整个团队的人都大吃大喝，不停地唱歌。他们，都不想面对别离。那天晚上，《真心英雄》是他们的主题曲。当时，30岁的马云第四次创业失败。

即便如此，马云依然创办了阿里巴巴。虽然外人熟知的是阿里巴巴创造的诸多奇迹，却不知道马云在最艰难的时候，公司的账上只有200块钱。就这样，马云走到了今天。今天的阿里巴巴当然不可与当年同日而语，今天的马云也已不再年轻。然而，马云的青春时代过得轰轰烈烈，无怨无悔。

每个人，都应该有一个值得自己想念和致敬的青春。虽然我们不是马云，但是每个人都有自己的梦想，每个人都应该无怨无悔地为梦想燃烧青春。年轻的人们，即使你们身无分文，即使你们无立锥之地，也不要气馁。因为，你们还年轻。年轻，意味着无限的可能性。年轻，意味着即使犯错也有机会重头开始。

年轻人，让我们扬起青春的风帆，远航吧！

心理小贴士

1.年轻，就是最大的资本。不管何时，你都不应该放弃，因为年轻人拥有任何可能性。

2.每个人都从年轻走过，你的青春岁月一定不要留下遗憾。今天的你，不要被明天的你瞧不起。

3.人生就是用来拼搏的，有梦想才有资格肆意挥霍青春。

别当“套中人”，梦想需要走出去

这个世界上有梦想的人比比皆是，但是最终实现梦想的人却凤毛麟角，实现梦想且获得成功的人，更是少之又少。究其原因，梦想的诞生是很简单的，每个人不管身份是高贵还是卑贱，对于生活都有着无限的渴望，具体到某一件事情上就是梦想。相比之下，坚持梦想很难，实现梦想更是难上加难。一个人，即使想平庸地度过一生，也是奢望。人生，总是充满着各种变数和意外，更伴随着风风雨雨。在实现梦想的道路上，我们需要披荆斩棘，破浪乘风。如果没有坚持的勇气和坚强的意志，人们很容易就会放弃梦想。

很多年轻人都对未来充满期许，他们怀揣着一颗热情的心和新鲜出炉的梦想，还没等出发，就已经被吓得瑟瑟发抖。原来，不但家人们劝说他不要冒险，就连他自己的心也在告诉他：外面很危险，失败的可能性远远大于成功的可能性。就这样，他开始想象自己会遇到哪些困难，原本想未雨绸缪，最终却杞人忧天。从某种意义上来说，即使思虑不周全就勇敢实践并且导致失败，也远远比处处杞人忧天、深思熟虑最终导致裹足不前更好。归根结底，人生一直都是在路上，而不是在出发的原点。

张敏大学毕业后，找工作处处碰壁，一直没有找到心仪的工作。为此，她萌生了一个大胆的想法：开一家成衣公司。张敏是学习服装设计的，原本对于服装设计就有很浓厚的兴趣。她想开一条龙式服务的量体裁衣成衣公司，无疑是很容易实现的。然而，对于女儿提出的梦想，爸爸妈妈有着一大堆的反对意见：房租是巨额开支；成衣越来越物美价廉，走高端路线的量身定制的成衣公司，有多少人会光顾；现在的有钱人越来越挑剔，非常追求名牌，没有名气的小店，他们能否认可……一系列的难题，瞬间把张敏的热情扑灭了。

在经过慎重思考之后，张敏也意识到，问题可能的确不像她想得那样简单。归根结底，现在是市场经济，一切都要遵循市场的规律。就这样，在爸爸妈妈的建议下，她找了一份很一般的工作，每天过着平淡的生活。出乎张敏的意料，在得知张敏的创意宣告流产之后，她的好朋友杜丽居然大胆地开办了一家一条龙式服务的成衣公司。原来，杜丽在听说张敏的创意后就怦然心动，遗憾的是，杜丽不能抢张敏的好创意。就这样，一直等到张敏踏踏实实开始上班，杜丽才开始实施这个大胆的设想。刚开始的时候，服装店的生意非常冷清，毕竟认可量体裁衣和有经济实力量身定做的人很少。不过，杜丽灵机一动，搭上了淘宝的顺风车。她把自己设计的衣服挂在淘宝店，如果有人问津，就根据尺寸给客人量身定制。如此一来，很快，杜丽的服装店生意越来越火爆。如今，她不但拥有几家实体店，而且在网上还有了独具个性的原创品牌。原来，现代人最怕的就是和别人穿着一模一样的衣服，因此非常热衷于购买原创品牌。就这样，杜丽很快就变成了真正的创业者，拥有了自己线上和线下的销售渠道。看着好朋友的事业做得风生水起，张敏懊悔不已。

在这个事例中，张敏的好点子被杜丽借鉴了。如果张敏当初能够勇敢地迈出创业的步伐，那么现在的风光就是属于张敏的，她也就不用心不甘情不愿地按部就班地上班了。每个人都有梦想，最重要的是不要让梦想停留在空想阶段，而要努力地让梦想变成现实。梦想，如果只停留在空想阶段，是没有任何意义和价值的。梦想，必须脚踏实地地实践，才能让一切更加有可能。

在现实生活中，我们常常祝福别人和自己“梦想成真”。这句话听起来简简单单，真正要去做，却需要莫大的勇气和顽强的毅力。人们常说，心动不如行动，这非常符合梦想的特质。当脑海中对未来有了美好的愿景，我们首先要做的就是制订实施的计划和方案，然后将其落实。哪怕失败了，我们也能够从中获得经验和教训，让自己距离成功更近一步。否则，一切都将止步不前。在实施梦想的过程中，我们难免会遇到很多困难。在这种情况下，我们不但要敢于去做，更要坚持去做。没有人能随随便便成功，每个人的成功都来自于对梦想的坚持不懈和持之以恒。古人云："锲而舍之，朽木不折；锲而不舍，金石可镂。"由此可见，自古至今，勇气、恒心和毅力都是实现梦想必不可少的要素。年轻的人们，梦想在向你们招手，鼓起勇气出发吧，千万不要处处限制自己，把自己变成不折不扣的"套中人"。即使失败，也没什么可怕的，只要年轻，一切都可以重新来过！

心理小贴士

1.每个人都有梦想，当梦想停留在空想阶段，我们一分钟之内就可以创造一个梦想。

2.真正的梦想，不仅仅停留在想的阶段，更要有切实可行的计划和坚持执行的勇气与毅力。

3."套中人"永远都把自己封闭起来，既不敢面对外界，也无法收到外界的启发进而采取大胆的行动。

亡羊补牢，为时不晚

很久以前，有位牧羊人养了一大群羊。每天，他都把羊群赶到山坡上吃草，等到傍晚的时候再赶回羊圈里。有一天早晨，他正准备放羊，却发现羊少了好几只。经过仔细查看，他发现羊圈破了一个大窟窿，一定是狼在夜里钻了进来，把羊叼走了。邻居劝牧羊人："赶快把羊圈补一补吧！"牧羊人不以为然地说："羊都已经丢了，还补羊圈干什么呢？！"不承想，当天夜里，狼又从破的窟窿里钻进来，叼走了几只羊。这次，牧羊人不敢大意，赶紧把羊圈修补好。果然，狼再也没有来叼羊。早在小学时代，我们就曾经听说过这个故事。这个故事告诉我们的道理，每个人都耳熟于心：亡羊补牢，为时不晚。其实，很多事情都不怕晚。

现代社会，年轻人很容易就会发现，读大学期间学到的知识，往往还没走出校园就已经过时了。那么，我们为什么还要花费几年的宝贵时光读大学呢？其实，读大学最重要的不是学到知识，而是学会思考，养成自主学习的好习惯。现代社会，要求每个人都终身学习。有些人自从大学毕业后，就再也没有拿起书本，工作上全凭盲人摸象。归根结底，这样的人很难有长远的发展。在信息爆炸的时代，学习的方式多种多样。不坚持学习的人，终将被淘汰。也许有些人到中年的朋友会说，我都这么大年纪了，记忆力也大不如前，还怎么学习呢？其实，学习什么时候都不晚。有些退休人员，都六十多岁了，还会想方设法地读大学，也恰恰是这个道理。对于年轻人来说，就更是如此了。毕竟，不管什么时候，提升自己都比止步不前更好。常言道，技多不压身，保持学习的好习惯，能够帮助你更快地走向成功。在信息闭塞的年代，我们必须依靠自身的摸索，才能获取经验。如今大大不同，信息流通很快，而且各种各样的书籍都可以帮助我们借鉴前人的成功经验。如果说成功有什么捷径可走，那么学习和借鉴，就是唯一的捷径。

张倩是师范院校毕业的大专生，如今在家乡的小县城当小学老师。老师的生活清闲而又安逸，转眼之间，张倩就已经毕业十年了。在这十年间，她恋爱、结婚、生子，完成了人生最重要的三部曲。然而，学校突然转变成私立学校，对于任教老师提出了更高的要求：本科毕业，十年以上教龄。张倩的教龄刚刚好，但是却因为学历不达标，即将面临被淘汰的危险。后来，为了照顾学校里的老师，学校放宽了要求：对于本校教师，可以把学历放宽到专科，但是前提是三年之内必须达到本科学历。原本，张倩想要放弃，听从学校安排去下级学校。她对同事马伊说：“学校的要求太苛刻了。我都三十多岁了，又要照顾家庭又要照顾孩子，哪里有时间学习呢？况且，现在记忆力也大不如前，琐碎的事情这么多，根本没心思学习。”马伊刚刚毕业没几年，因为教龄不达标，肯定要离开学校。对于学校的要求，马伊和张倩的看法截然相反：“张老师，我觉得你的想法太保守了。如果我是你，肯定考取本科学历。这没什么难的，现在学历提升的途径这么多。要是我有十年教龄，现在学校改成私立学校，各项待遇都大幅度提高，我肯定不会轻易离开。”张倩陷入沉思，马伊继续说道：“即使学校不要求有本科学历，我们自己也应该注意提升自己。我可不想仅仅限于本科，我到时候还想考取研究生呢！不过，你有家有孩子，不像我这么自由。但是说真的，考个本科文凭还是完全有必要的。即使你不在这个学校，学历提升到本科也对你有好处。”张倩点了点头，说：“小马，谢谢你，你说得很有道理。我会认真考虑的。”马伊笑着说：“丰富的教学经验比学历值钱多了，所以，你可千万别被学历卡住。很多人，都六十多岁了还读大学呢！”

在和家人商量之后，张倩最终决定考取本科学历。如此一来，她既不用离开熟悉的校园，还可以获得更好的薪资待遇和更好的工作环境。如此一举数得的事情，可遇而不可求。对于孩子和家庭，张倩老公表示完全支持老婆的工作，他还主动请缨每天负责接送孩子呢！

学历的提升和能力的提升，对于现代人来说，是需要终生面对的问题。社会在飞速发展，也裹挟着每一个人飞奔往前。如果不能尽早地提升自己的学历，未雨绸缪，就会在工作单位提出要求的时候变得被动。就像事例中的张倩，如果刚刚参加工作就主动提升学历，现在也不会这么被动。不过，亡羊补牢，为时未晚。只要意识到自己需要提升，就应该马上展开行动，为自己的人生早做规划。

年轻的人们，学历的提升和能力的提升，在我们走出大学校园、意气风发的那一刻，就摆在我们的面前。有远见的年轻人不等工作提出要求，就会主动提升自己。即使当工作提出要求的时候，也为时不晚。现代社会的每一个人，都应该具备终身学习的能力，随时做好准备扬帆远航！

心理小贴士

1.每个人都应该主动提升自己，因为整个时代都在以前所未有的速度飞奔向前。

2.常言道，活到老，学到老。学习，不是为谁而学，更不是为了应付工作而学，而是为了我们自身生存的需要。

3.亡羊补牢，为时未晚；终生学习，从来都不晚。

条条大路通罗马

很多人不知道为什么要学习数学，因为简单的算术只需要在小学阶段就可以完全掌握。其实，学习数学并不是为了算术，而是为了训练我们的思维方式。不但数学学科如此，很多学科的学习都是为了培养我们的思维。很多同学都记得，数学老师常常让我们针对一道题目给出几种解题思路和方法，这就是培养我们的发散性思维。人们常说，条条大路通罗马，也是在告诉我们要用发散思维的方式解决问题。相传，古代罗马的发展非常繁荣，修筑了很多条道路。从欧洲的随便一条街道，都能通往繁华的罗马城。喜欢画画的人不妨想象这样一幅画面：天空中，挂着光芒四射的太阳。如果说太阳是问题的中心，那么这些万丈光芒就都似乎是通往问题核心的方法。

没有任何人在生活中是一帆风顺的，我们总是会遇到各种各样的难题，让自己遭遇困窘。当我们遇到无法克服的困难时，我们自己，包括身边的人，都会用“条条大路通罗马”来安慰我们，鼓励我们。的确如此。解决问题的方式有很多，大多数时候是我们因为思维的局限没有想到更多的方法，而这并不意味着没有其他方法解决问题。尤其是在思考问题的时候，我们一定要打开思路，采用发散性思维的方法解决问题。养成用发散性思维的方式解决问题的习惯，不但能够帮助我们找到更多的方法解决问题，还能帮助我们提升创新能力。细心的人会发现，很多发明家都拥有发散性思维，都能够找出常人想不到的方法解决问题。

曾经，马尼尔·托雷斯只是一名专为摩托车喷漆的工人。有一天，视察车间的厂长看到他工作非常认真，就忍不住夸奖了他几句。得到厂长的夸奖，他激动之余把喷气嘴对准了厂长，弄得厂长雪白的衬衫瞬间变成彩色的。厂长很尴尬，无语地走开了。这件事情让他受尽了嘲笑。当然，厂长再也不敢轻易表扬这个愚蠢的家伙了。事情过去了一个月之久，他带着妻子参加工厂的庆典，却意外发现妻子和一位女性领导撞衫了。领导很不高兴自己居然和一位普通工人的妻子穿着同样的衣服，因此建议他把他妻子的衣服喷成其他颜色，这样就独一无二了。如此一来，可怜的他再次遭到大家的嘲笑。在众人的笑声中，他带着妻子垂头丧气地离开了。

当天晚上，马尼尔的脑海中不停回想着女性领导的话。突然之间，他脑海中产生了一种大胆的设想：假如真的生产一种能用喷罐喷出颜色的服装面料，结果将会如何呢？次日，他去辞职，并且诉说了自己的设想。厂长简直觉得不可思议，但是看到他意志坚定，只好批准了他的辞职请求。从此，他开始了艰苦的学习。为了支持他，妻子不得不承担起生活的重任，这使妻子牢骚满腹，他却不为所动。为了迅速提升自己，他还多次拜访化学教授和时装设计师。他的理想是发明出一种物美价廉且能在短时间内干透的无纺布料，这种布料会像皮肤一样贴合身体，并且穿着舒适，最重要的是绝对不会与其他布料撞衫。在整整两年多的时间内，他最终按照自己的理想发明了奇特的布料，并且将其衍生出各种各样的材质、色彩和花色。这种面料的神奇之处就在于，可以根据心情和潮流，随时随地清洗掉之前的颜色，再喷上新的颜色。如此一来，爱好时髦和极具个性的人，再也不担心衣服不合身，或者与别人的衣服撞衫。更加神奇的是，如果人们厌倦了衣服的款式，还可以随时将这种面料溶解，做出更加新颖和时髦的款式。

这种奇特的发明简直太神奇了。2014年9月，马尼尔为自己的发明申请了专利。此后，他成立了专门的研究团队和服装公司，开创了属于自己的一片天地。为了获取这种神奇的面料，时装界与他签订了长期的合作协议。未来，他还计划把这种新奇的面料用于医药等诸多领域。这个奇迹，是被嘲笑出来的奇迹，马尼尔从此改变了自己的人生。

马尼尔的事例，验证了条条大路通罗马的道理。虽然他遭到众人的嘲笑，却并没有因此而变得自卑怯懦。相反，他从嘲笑中找到了商机，通过努力让自己的人生变得更加开阔。生活中的人们，在人生的道路上，你们也一定经常遭到嘲笑，你们是否也能从中汲取养分呢？

只要我们不放弃努力，只要我们处处留心，那么我们就一定能够为获得成功找到更多的途径和方法。

心理小贴士

1.条条大路通罗马，只要你坚持不放弃，就一定能够找到属于自己的成功方法。

2.人生的成功并没有固定的标准，每个人的成功都是相对于自己来说的。我们无须复制别人的成功，只要不断努力，争取自己的成功，就是最棒的人生。

3.只有打开思路，不受局限，才能为自己争取更多的机遇和创新。

第 08 章

向前多走一步，你的心才是最不容易闯过的那一关

人生，总是会遭遇瓶颈。并非瓶颈限制了我们的发展，而是我们的内心停了下来。很多人将自己止步不前归咎于诸多外界的限制和条条框框，实际上，正如人们所说的，心有多大，舞台就有多大。我们只有放开自己的内心，才会拥有更加开阔的人生。在成功的道路上，有些人坚持了很久，却因为最终的放弃，让自己与成功失之交臂。一旦认定了方向，我们就应该不断地鼓励自己：向前一步，再向前一步，就是成功。

失去，让你更懂得珍惜

每个人都希望握紧自己掌握的东西，再尽可能地把握机会，让自己拥有更多。这是人本能的贪婪，无可厚非。然而，在人生之中，我们在不断获取的同时，面对的是失去。几乎每时每刻，我们都在逝去时间，时间恰恰是组成我们生命的宝贵材料。随着时间的流逝，我们也在失去青春的容颜，我们变得渐渐衰老，不再拥有青春和朝气。正是因为无可挽回的失去，我们更加珍惜时间，珍惜生命，也更加注意留住青春和美丽。自古以来，多少帝王将相花费重金寻求长生不老，这一切，都使生命变得更加可贵。没错，是失去让我们更加懂得珍惜什么。我们每天都在消耗金钱，随着金钱消耗速度的越来越快，也就使得我们更加重视和珍惜金钱。其间，也不乏有些人走了弯路，采取非法手段掠夺金钱。常言道，君子爱财，取之有道，即使一件东西再珍贵，也要采取正当的手段获取。这是题外之话。

面对失去，很多人都觉得难以接受。很多东西，诸如亲情、友情，失去了是不会再有的。这也使得我们看明白一个道理：金钱虽然可贵，但是失去了还可以再次获得；亲情、友情，都不能失去，否则将再也不会拥有。这个观念，帮助我们形成了正确的人生观、价值观。我们的生活，就是不断地失去又得到的过程。面对失去，很多人懊悔不已、追悔莫及。其实，恰恰是失去，帮助我们更好地面对未来，因为我们的心由于失去而变得更加澄澈和明了，我们会更加知道哪些是应该珍惜的。

李华是个非常孝顺的孩子，对父母非常好。不过，自从大学毕业后去了外地工作，李华留在家里的时间越来越少了。他生活和工作的城市离家里足足一千多千米，每年，李华只有春节才会回家几天。为此，李华对父母非常内疚，他总是说："爸爸妈妈，我一定认真工作，努力奋斗，争取在大城市有立身之地，把你们都接过去享清福。"每当这时，父母都会说："爸爸妈妈也帮不上你，不用你惦记，我们自己能照顾自己。你只要把自己的日子过好了，比什么都强。"就这样，李华渐渐习惯了这种每年只陪父母两三天的生活。

一天，李华正在上班，突然接到了妈妈打来的电话。电话里，妈妈泣不成声："华啊，快回来吧，你爸不行了！"这个电话如晴天霹雳，让李华傻在那里。足足愣了好几秒，他才回过神来，赶紧买飞机票回家。然而，当天的航班已经没有了。李华只有去买火车票，一天一夜地倒车，他终于回到家中，父亲却已然仙逝。家人知道李华在路上，怕他分心，就没有告知他。看着父亲冰冷的尸体，李华的心都碎了。父亲只有他这一个儿子，他却没有能送父亲最后一程。在父亲的葬礼上，李华似乎变成了行尸走肉，他根本不愿意接受父亲已经去世的事实。父亲去世后，他又在家里陪伴了母亲一段时间。最终，他想明白一个道理："树欲静而风不止，子欲养而亲不待。"他决定把妈妈接到身边一起生活，虽然小小的出租屋很拥挤，但是他要陪伴母亲。不承想，母亲坚决不愿意离开家乡，她说："华啊，我得留下来陪你父亲，他坟上的土还没干呢！"一年之后，李华回到家乡，虽然工资待遇都比在大城市少了很多，但是每天吃着母亲做的饭菜，看着母亲享受天伦之乐，他心中很高兴。

对于人生，每个人追求的东西都完全不同。李华原本追求个人的发展，却经历了失去父亲的痛苦。他想明白自己不能再失去母亲，所以毅然放弃大城市的生活，回到家乡陪伴母亲，守护父亲。人总是这样，在拥有的时候意识不到，一旦失去，才能更加清晰地知道自己想要什么。在此讲述李华的事例，并非让每个人都像李华学习。归根结底，每个人的情况都不相同。不过，道理是一样的：失去，让我们更加清醒地审视自己。

人生总是如此，我们就像是贪婪的游客，在美丽的海边不断地捡起亮晶晶的贝壳。然而，随着行囊越来越重，我们不得不丢掉一些东西，有的时候也会不小心遗漏。对于物质上的东西，失去了还会再得到。对于感情，是我们弥足珍贵的。人生的温度正是这些感情帮助我们维持住的，一旦失去感情的温度，我们的人生就会变得冷冰冰的。任何时候，不管有多少金钱和物质，也无法使我们感受到温暖。

心理小贴士

1.失去，是让人感到难以接受的。然而，唯有失去，才能让我们更加清楚自己想要什么。

2.生活，给予我们太多的馈赠，只有失去，才能帮我们分清生活的主次。

3.失去和得到，是人生永恒的主题。

任何时候，别把自己逼到绝路

秦朝末年，项羽准备率领大军和秦军决一死战。他首先率领大军渡过漳河，之后命令士兵把一切船只都凿穿底部，使其沉入河底，又让士兵砸碎做饭用的锅。随后，他给每位士兵发了只够维持三天生命的干粮，带着士兵们对秦军发起进攻。如此一来，每个士兵都抱着不成功就成仁的必死信念，把生死置之度外，与秦军决一死战。果然，在与秦军进行九次激烈的博弈之后，项羽率领的大军终于战胜秦军。在这个历史事件中，衍生了一个众人熟知的成语：破釜沉舟。如今，破釜沉舟被用来表示做某件事情的必胜决心，不给自己留有任何退路。的确如此，项羽当时之所以破釜沉舟，就是因为他抱定了必胜的信念，如果不能取胜，他就一定要舍身成仁。这是历史的选择，也是唯一的选择。现代社会，虽然我们教导大家在做事情的时候也要抱定破釜沉舟的必胜信念，但是并不赞成大家像项羽一样舍身成仁。我们每个人都很幸运，生在和平年代，生活非常幸福。

所谓的破釜沉舟，只是追求成功的决心，而丝毫不会危及我们的生命。恰恰相反，在现代社会做事情的时候，既要想到好的一面，也要考虑不好的结果，给自己留有退路。简而言之，任何时候，都不要把自己逼到绝路。

俗话说，狡兔三窟。我们在做事情时，也应该充分考虑可能出现的情况，做好最坏情况的预案。无论如何，我们都不能付出宝贵的生命以终止失败，那么我们就要做好准备，一旦情况朝着坏的方向发展，也不至于手足无措。前文说过，条条大路通罗马。我们应该付出最大的努力求得成功，也应该有有勇有谋地想出其他的办法迂回曲折地前进，达成自己的目的。

很久以前，在大森林里，老虎虽然块头很大，但是却非常愚笨，总是忍饥挨饿，无法找到食物。猫呢，虽然身材小巧，却聪明机灵，每天都吃得肚饱溜圆。为了像猫一样吃香喝辣，老虎决定拜猫为师，学习猫的十八般武艺。看到老虎诚心学艺，猫也很好为人师。它尽心尽力地把十七般武艺都教给了老虎，不过，最后一般武艺必须老虎减肥之后才能学习。

没过几天，猫突然生病了。它这一病，病了很久。猫告诉老虎："我的十八般武艺，你已经学了十七般。我现在久病不好，不能再教你了。你自己多多练习吧，即使只练习好十七般武艺，你也能超过我。"得知师傅生病，老虎迫不及待地去森林里耀武扬威。很快，小动物们怨声载道，有的小动物就去找猫告状。听说徒弟的恶行之后，猫把老虎召唤来，拿出老师的样子训斥道："我教会你武艺，不是让你祸害森林的。你最好老老实实的，不要让我再听到你有不守规矩的地方。"看到猫病恹恹的样子，老虎不屑一顾地说："你这只病猫，我有着十七般武艺，身强体壮，难道还怕你吗？"说着，老虎就冲着猫扑过去。眼见着徒弟翻脸不认师傅，猫身手矫捷，一下子就爬到了附近的树上。看着老虎在树下急得团团转，却无法上树，猫暗自庆幸：幸好，我没有把这爬树的本领教给老虎啊！

虽然是无心之举，猫因为生病没有及时教会老虎爬树的本领，但是这却救了猫一命。尽管这只是个寓言故事，却告诉我们不管做什么事情，都要给自己留有余地。余地，是回旋的空间。只有有余地，我们才能在事情看似无可回旋的时候，找机会反败为胜，为自己争取柳暗花明。相反，假如把自己逼到绝路，就一定会因为无可回旋懊悔不已。

在现实生活中，不管做什么事情，我们都应该深思熟虑。很多时候，事情并非向着我们所想的方向发展。一旦发生意外，我们提前谋划好的退路就能起到很大的作用。年轻的人们往往缺乏经验，在思考问题的时候更应该兼顾全面，以免疏漏。

心理小贴士

1.狡兔三窟，做人做事也应该为自己留好退路，这样才有机会回旋和扭转局面。

2.我们不是项羽，也不在项羽生活的年代。现代社会，凡事都不需要拼命，因为最宝贵的就是生命。因此，千万不要把自己逼上绝路。

3.办法是人想出来的，只要活着，总会有办法解决问题。我们应该像病猫学习，即使被徒弟老虎背叛，也可以凭借最后的绝招活得惬意。

没有依靠，你必须一切靠自己

尽管这是一个拼爹的年代，但是，你的爸爸不叫李刚，所以你必须一切靠自己。现实生活中，有很多衣来伸手、饭来张口的富二代。虽然他们各个方面都远远不如你，但是就因为他们有个“好爹”，所以他们生来就更加优越，高高在上。他们无须努力，就能轻而易举地得到一切，我们甚至穷尽一生都无法达到他们刚出生时的生活高度。即便如此，我们也依然不能放弃自己的人生。人生处处有奇迹，谁说我们依靠自己的努力就不能战胜他们呢？很多富二代在继承家产的同时，也继承了骄奢淫逸，他们毫无志向，是个典型的败家子。俗话说，富不过三代。就是因为打江山容易，守江山难。对于自己奋斗得到的一切，人们总是更加珍惜；相反，对于轻而易举得到的一切，人们就会觉得满不在乎。归根结底，这一切都是平白无故得到的，生来就习惯了挥金如土的人是不会知道创业的艰辛的。

年轻的人们，也许你的父辈只是面朝黄土背朝天的农民，也许他们只是老实本分凭本事吃饭的工人阶层，无论他们做什么，都不能给予你更多的经济支持。然而，他们给了你生命，给了你健康的身体和健全的智力。这一切就足够了。你，必须靠自己。当你在奋斗过程中饱尝生活艰难的时候，你何尝又没有收获呢？你同样有收获，因为你收获了奋斗的经验，你变得更加顽强，努力向前。没有经验的人生是苍白的，禁不起任何考验。你在奋斗路上收获的经验，就是你最大的财富。

在大仲马已经享誉文坛的时候，小仲马也走上了文学创作的道路。有一段时间，小仲马把自己的作品寄出去，总是频频碰壁。得知此事后，大仲马劝说儿子：“在寄出稿件的时候，如果你能够在自我推荐信里提及你是大仲马的儿子，也许情况就会大为改观。”不承想，小仲马当即就拒绝了父亲的好意，他说：“我想依靠自己的能力摘得苹果，而不想踩着你的肩膀摘下苹果，否则我就感觉不到苹果的甘甜。”为了避免其他人得知他和大仲马的关系，小仲马还费尽心思地给自己起了十几个笔名，都使用了其他的姓氏。如此一来，编辑们再也不会把他和著名的大仲马产生任何联系。接连接到退稿的小仲马从不沮丧，他坚持要以自己的能力获得成功。面对退稿，他从未放弃自己的文学创作之路，而是一如既往地写作，投稿。

等到他终于完成《茶花女》之后，迫不及待地就将它寄给了一位资深编辑。看到作品构思巧妙，文采斐然，这位资深编辑特意查看了作品发出的地址，发现与大仲马的地址完全相同。为此，他坚定不移地相信，这篇出色的长篇小说一定是大仲马另取笔名写作的。然而，让他疑惑的是，这篇小说的风格却与大仲马的文风大相径庭。由于和大仲马私交颇深，他不由得特意登门拜访，当面问大仲马：“《茶花女》是你的新作吗？文风改变很大啊！”大仲马浑然不知他说的《茶花女》，最终询问小仲马才知道，原来《茶花女》是小仲马的新作。编辑很大吃一惊，因为这位年轻人的文学造诣让他刮目相看。惊讶之余，他困惑地问小仲马：“你为什么不署真名呢？”小仲马狡黠地笑了笑，说：“我只想凭借自己的能力获得认可。”对于小仲马的做法，这位资深编辑连声赞叹。

果不其然，《茶花女》一经出版，就在文坛引起了震撼。法国文坛的诸多评论家全都认为，《茶花女》的价值甚至超过了大仲马的代表作《基督山恩仇记》。从此之后，小仲马和父亲大仲马一样享誉法国文坛，他用自己的实力证明了自己的高度。

如今，有很多年轻人埋怨自己的爸爸无权无势，不能给自己奠定更高的高度。看看小仲马吧，虽然有着大文豪父亲，却为了掩饰这一层关系费尽心机。他说得很对，只有与父亲撇清关系，他才能知道自己的高度。他从不愿踩着父亲的肩膀摘取果实，只想凭借自己的能力证明自己。这一点，非常值得现代的年轻人学习。

年轻的人们，不要再抱怨自己没有依靠了。也许恰恰是因为没有依靠，你才能更加快速地成长和成熟起来，逼迫自己不遗余力地奔向属于自己的成功。凡事都有两面性，当我们品尝生活的艰辛和奋斗的艰难时，我们也收获了很多宝贵的经验，这就是我们人生之中最值得珍惜的财富。

心理小贴士

1.你的爸爸不是李刚，这不是遗憾，而是幸运。

2.父母不但给了我们生命，还辛苦地抚育我们长大成人，这就是给予我们最大的馈赠。不管何时，我们都要对父母心怀感激。

3.你人生的高度，完全取决于你努力的程度，是由你自己决定的。

你只是看起来很努力

《真心英雄》这首歌，让很多人都听得心潮澎湃：“把握生命里的每一分钟，全力以赴我们心中的梦。不经历风雨，怎能见彩虹，没有人能随随便便成功……”的确，正如这首歌中所唱的，没有人能随随便便成功。每个人都渴望成功，渴望成功给我们带来的光环和荣誉。然而，成功从来都不是唾手可得的。在通往成功的路上，我们必须付出数倍于常人的努力，坚持不懈，永不放弃。当别人在休闲娱乐的时候，你也许在学习或者在工作；当别人酣然入睡的时候，你也许正奔波在通往成功的路上；当别人享受果实的时候，你已经对自己提出了更高的要求；当别人浑浑噩噩，不知道如何努力的时候，你已经找准了人生的方向，一往无前……只有当成功的路上洒满了你的汗水和泪水，你才能一步步地接近成功。

成功没有捷径，正如高尔基所说，“天才出于勤奋”。大文豪鲁迅先生也曾说过，“伟大的事业同辛勤的劳动是成正比例的，有一份劳动就有一份收获，日积月累，从少到多，奇迹就会出现”。这些伟人的经验都在告诉世人：要想获得成功，不但要勤奋，还需要加倍的努力。没有人能随随便便成功，每一个人的成功，在其他人看到无限风光和荣耀的同时，背后注定是无数的辛勤付出和汗水心血。尤其是作为普通人的我们，从最平凡的起点出发，没有显赫的背景，也没有光鲜亮丽的经历，那么一切都只能从零开始，踏踏实实地努力奋斗。

东汉时期，孙敬是大名鼎鼎的政治家。孙敬自幼就刻苦学习，常常独自一人废寝忘食地读书。每天清晨，他天不亮就起床，夜晚读到很晚，还舍不得放下书本。日久天长，他严重缺乏睡眠，常常在读书的时候困得打瞌睡。为了让自己不要睡着，他思来想去，想出了一个好办法。他找到一根长长的绳子，一端系在自己的头发上，另一端系在房子的横梁上。这样一来，每当他读书的时候感到困倦，情不自禁地睡着时，只要头一低，头发就会被绳子牵扯住，感到疼痛。如此一来，他马上就会从睡梦中醒来，接着努力读书。

战国时期，苏秦也是赫赫有名的政治家。不过，苏秦自幼家贫，没有读过多少书。年轻的时候，苏秦因为学识浅薄，总是得不到重用，始终一事无成。回到家乡之后，就连家里人也很鄙视他，从不正眼看他。这让苏秦深深地意识到：一个人一事无成是得不到别人的尊重的。为此，他下决心发奋苦读，每天都手不释卷。如此勤奋读书，废寝忘食，他常常在读书到深夜的时候不小心睡着。为了让自己保持清醒的头脑学习，他特意找出一把尖锐的锥子。每当感到困倦想要睡觉的时候，他就用锥子狠狠地对着自己的大腿刺一下。这样一来，猛然袭来的剧烈疼痛会让他瞬间睡意全无，继续读书。

从孙敬和苏秦勤奋苦读的事迹广为流传，渐渐衍生出“头悬梁，锥刺股”的成语，激励更多的后人们勤奋读书。

汉朝时期，匡衡学习非常勤奋刻苦。由于家境贫寒，他每天都要做农活，打零工，挣钱养家。只有等到夜晚来临的时候，他才能抽出时间读书学习。然而，他没有钱买蜡烛，天黑之后根本看不清书本上的字迹。眼看着夜晚的宝贵时间白白溜走，匡衡心痛不已。有一次，匡衡向富裕的邻居提出请求：“我买不起蜡烛读书，你家晚上总会点燃明亮的蜡烛，我能不能借用你家的地方读书呢？”邻居鄙夷地看着匡衡，冷嘲热讽地说：“你这么穷，连蜡烛都买不起，还读书做什么呢？！”听了邻居的话，匡衡气愤不已，下定决心要勤奋读书。

回家之后，匡衡思来想去，终于想到了一个好办法。他偷偷地把和邻居家相连的墙壁凿了个窟窿，这样一来，他就可以借着从窟窿里透过来的微弱烛光读书了。很快，他就把家里所有的书都读完了。为了学到更多的知识，他向附近一家藏书丰富的大户人家借书，并且承诺免费给这家人当长工。看到匡衡如此好学，主人感动地答应了他的请求。正是凭借着如此勤奋好学的精神，匡衡才学有所成，最终成为大名鼎鼎的学者，并且当了汉元帝的丞相，辅佐汉元帝治理天下。

从古至今，所有人要想获得成功，都必须依靠自身的勤奋和努力，而且是加倍的努力。尤其是现代社会的年轻人，要想证明自己，更加需要付出努力。古代社会生活条件那么艰苦，穷人想要读书都是奢望，和他们相比，我们生活在现代社会简直太幸福了。我们不但可以在学校里读书，而且参加工作之后也可以通过读书改变自己的命运。当然，勤奋不仅仅限于读书一个方面。通往成功的道路有很多，勤奋也体现在诸多方面。简而言之，只要自己拥有一颗不甘于平庸的心，坚持不懈地加倍努力，就一定能够获得成功。

心理小贴士

1.不要抱怨自己生而平庸，你的努力可以改变一切。

2.没有人能随随便便成功，只要努力，你就可以改变自己的命运。成功，总是青睐于强者。

3.勤奋，是通往成功唯一的捷径。没有勤奋，没有加倍的努力，好运不会一直光顾你。

让绊脚石成为跳板

人生是一场旅行，我们用双脚丈量生命的长度和宽度。在漫长而又艰苦的行程中，我们时而遇到荆棘，刺破衣衫；时而遇到坎坷和泥泞，阻断行程。有的时候，我们还会无意间因为绊脚石摔个大跟头，摔得鼻青脸肿。每当这个时候，我们是因此而放弃行程，改道前行，还是继续一往无前呢？其实，也许恰恰因为这次摔倒，我们才会注意到路边美丽的野花，才会发现原来荆棘里长满果实，才会留意到自己因为步履匆匆忽略了旅程中的美好精致。也有可能，这块绊倒你的石头，反而能够帮助你摘到高高悬挂在树枝上的果实，让你美美地饱餐一顿呢！总而言之，凡事都有两面性。很多时候，看似给我们带来障碍的事情，也许因为换个角度来看，就变成了对我们有帮助的事情。一切，都取决于你看待问题的角度和心态。由此看来，只要调整好心态，我们就能坦然面对生活中的困境和得失，尽可能地把不利转化为有利。

在现代社会的职场上，年轻人常常遭遇职业发展的绊脚石。究其原因，很多年轻人或者因为学历的局限，或者因为人际关系的阻碍，使得自己的发展受到限制。每当遇到这种情况，积极乐观的年轻人会谋求更好的发展，把绊脚石当成是人生的跳板。反之，如果遇到困难就举步不前，只会让人生更加失望落魄，遭遇瓶颈。把绊脚石当成人生的跳板，是一种生存的智慧。必须洞察现实的情况，给自己的未来以理智和乐观的规划，才能做到华丽的转变。

2012年3月，澳大利亚的沃加沃发生了洪水。转眼之间，肆虐的洪水就淹没了一切，夺走了无数人的生命。惊慌之余，人们纷纷撤离，包括那些动物，也四下逃散。然而，让人们感到奇怪的是，蜘蛛并没有在洪水面前退却。难道蜘蛛不怕洪水和死亡吗？答案当然是否定的。在生命的危难时刻，大量的蜘蛛都在灌木丛中结网，使得灌木丛变得像网络的世界。蜘蛛为什么要在洪水肆虐的时候进行如此浩大的工程呢？当洪水退去，人们开始研究这些蜘蛛网。众所周知，蜘蛛结网原本是为了捕食。显然，这些在洪水到来之际仓促织好的巨网并非为了捕食。那么，在洪水之中的蜘蛛网有何作用呢？

经过研究，昆虫学家发现了其中的奥秘。原来，织网的是片网蜘蛛和狼蜘蛛，它们分别属于皿蛛科和狼蛛科。它们织的网并不会对人类的生命安全造成威胁，而只是为了帮助它们在洪水到来的时候分散逃生。这巨大的网络就像是一张蹦床，成为蜘蛛逃生的“生命跳板”。正是因为有了这张网的阻碍，蜘蛛们才不会在洪水到来的时候被冲走，更因为可以附着于网络之下，它们更不会被淹死。随着洪水水位的上升，蜘蛛网的高度也随之增加。除此之外，蜘蛛网不但可以帮助蜘蛛捕捉食物，同时也是蜘蛛的食物，当织好的蜘蛛网无法抵御洪水的高度，它们就会吃掉蜘蛛网，再不断向上织出新网。如此充满智慧的行为，让蜘蛛可以坦然面对洪水，获得生存的机会。

小娜大学毕业后，进入一家公司工作。然而，没过几年，就在她的工作发展得比较稳定时，公司突然因为结构调整，要裁员。裁员的标准就是学历。小娜是大专毕业，虽然在工作上一切表现良好，却因为没有本科学历，即将面临被裁员的危险。思来想去，小娜也觉得自己的学历的确不高。为了改变现状，她利用工作之余的时间开始废寝忘食地学习，努力争取考上研究生。经过一段时间的努力，凭借上学时扎实的知识功底，小娜顺利考入一所重点院校的研究生院。在裁员名单确定公布的时候，已经接到研究生录取通知书的小娜原本做好准备被裁员，不承想，裁员名单里并没有她。小娜不解，主管告诉她："原本，你的确在公司的裁员之列。不过，总经理知道你考上了研究生，而且专业和我们公司的经营方向很对口。所以，他让我转告你，你尽可以放心去读书，学成之后，公司的大门随时向你敞开。如果你现在就愿意和公司签订合同，确定毕业之后回到公司工作。那么，公司还会给予你公费读研的待遇，不但支付你读研的所有费用，还会每个月发给你基本工资作为生活保障。"听到这个好消息，小娜兴奋不已。

经过一番慎重考虑，她和公司签订了劳务合同，约定学成之后回到公司。如此一来，不但学费不再困扰她，她还可以一边读书一边挣工资呢！

虽然蜘蛛非常弱小，但是它们生存的智慧却值得人类借鉴。的确，人生需要一个跳板，很多时候，那些绊脚石就是我们的跳板。也许因为绊脚石的存在，我们暂时减慢了前进的脚步，但是正是因为绊脚石的存在，才让我们能够停下来重新审视自己，寻得更好的机遇。在第二个事例中，小娜知道公司即将因为结构重组裁员，不但没有自艾自怜，反而先发制人，努力考上了研究生。原本，她面临失业的困难，现在不但可以公费读研，还可以每月照常领取工资。如此说来，小娜也算是因祸得福了。

生活中的人们，当你们也面对人生的绊脚石，千万不要因此而沮丧绝望。要知道，机遇与挑战总是并存的。只有勇敢地面对挑战，充满智慧地面对绊脚石，我们才能为自己找到更好的发展机遇，为人生开辟新天地。

心理小贴士

1.机遇，永远只属于有准备的人。只有不断努力，才能得到机遇的青睐。当你羡慕小娜的好运时，不如加倍努力吧！

2.任何事情都有两面性，正如古人所说的福祸相依，关键在于我们面对困境采取怎样的心态和态度。

3.绊脚石还是跳板，一切只在你的一念之间。

成功就在拐弯处探身

很多时候，我们为了做一件事情，进行了1009次的努力，然后我们再也没有信心继续努力，因此选择了放弃。如果肯德基爷爷和我们一样只坚持了1009次，那么他就不会成功。因为，他恰恰是在第1010次才获得成功的。很多成功，都在我们无法继续坚持下去的下一刻，也许只需要我们再努力一次，就能够获得期待已久的成功。

你满怀激情，怀抱梦想，那么，你准备什么时候开始实现梦想呢？你也许会说自己还没有准备好，还在等待时机的到来，殊不知，等待是最消磨意志力的事情。你必须当机立断，马上开始行动起来，才能让梦想保持新鲜的活力，才能让自己始终拥有实现梦想的勇气。对于年轻人来说，最可怕的事情莫过于热血澎湃地计划未来，却在等待中把自己的信心和激情消耗殆尽，最终不了了之，陷入绝对的失败境地。所谓绝对的失败，就是没有开始的失败。这种失败从精神上打垮年轻人，让他们斗志全无。

很多成功的人都知道：拖延就是死亡。成功总是在我们行进的过程中，躲在拐角处偷偷注视着我们。而拖延，使我们根本没有机会来到成功等待我们的地方。任何事情，一旦想好了就必须马上行动起来。很多人的习惯都是拖延，这也是他们无法获得成功的根本原因。拖延，是对成功最决绝的拒绝。在等待中，很多人碌碌庸庸，蹉跎了一生。成功禁不起等待，只有奔跑的速度，才能让我们在拐角处邂逅它的身影。

在追求成功的道路上，我们不但需要速度，也需要学会改变思路。在哥伦布之前，很多人尝试了无数次，都没有把鸡蛋成功地立起来。只有哥伦布，只是轻轻地把鸡蛋的壳磕碎，使其拥有平整的底部，就轻而易举地把鸡蛋立起来了。这就是拐角处的成功。虽然只是小小的成功，却告诉我们一个深刻的道理：人生并非只有直路，有的时候也需要拐弯。

那一年，喜爱音乐的罗伯特信心满满地去一家夜总会应聘驻唱。从很小的时候，他就开始学习声乐，再加上他的音质非常特别，这使他相信自己有足够的能力担任主唱。按照夜总会的招聘要求，他非常认真地为自己选择了一首歌，作为面试曲目。虽然他信心十足，但是这毕竟将成为他的第一份工作，他要借此养活自己，所以他的态度认真而又慎重。

面试那天，和其他应聘者相比，罗伯特的表现非常好。尽管他心里知道，他的演唱并不完美。显而易见，在比较之下，考官也准备录用他。遗憾的是，这次面试只是一种形式，其实，导演组早就内定了主唱。所有其他人，都是作为绿叶来衬托红花的。得知真相后，罗伯特认为自己遭受了不公正的待遇，非常气愤。他愤愤不平地找到导演组评理，要求对方说清楚为什么不录用他。导演组负责人不以为然地说："年轻人，你凭什么让我给你理由，我可没心情搭理你。你要是真有本事，就去大都会歌剧院演唱吧！"

在纽约，大都会歌剧院是举世闻名的歌剧院。要知道，进入大都会歌剧院演唱，对于学习音乐的人来说，是毕生的梦想。毫无疑问，导演组的负责人在挖苦罗伯特，他显然知道罗伯特根本不具备去大都会歌剧院演唱的资格和能力。第一次找工作就被如此冷嘲热讽，罗伯特万分绝望，甚至想要放弃。然而，他很快就恢复了理智，决定提升自己，进入大都会歌剧院演唱。从此之后，罗伯特进行了艰苦卓绝的训练，迅速地提升了自己。一年多之后，他果然顺利签约大都会歌剧院，实现了自己的梦想。后来，他更是不懈努力，以大都会歌剧院为起点，应邀去很多欧美国家演出，成为举世闻名的男中音歌唱家。他很感谢自己当初在夜总会被拒绝，因为正是那次拒绝，让他展开翅膀在乐坛翱翔。

当上帝为你关上一扇门，一定会再为你打开一扇窗。事例中的罗伯特第一次找工作就遭受冷嘲热讽，如果他就此沉沦，那么就要放弃自己心爱的歌唱事业，一切重头再来。幸运的是，他没有放弃，而是奋起反击，证明自己。正是这样的精神，使得他一鼓作气，在经过艰苦卓绝的训练之后，成功签约大都会歌剧院。从此，他的人生完全不同了。

人生就是如此，并非永远是顺境。生活中的人们，当遭遇人生的逆境时，千万不要因此而沉沦绝望，而要努力地鼓起勇气，再接再厉。很多时候，事情的转机就出现在最糟糕的情况下，当然，前提是你不放弃，不气馁。成功就在拐角处，你做好准备迎接它了吗？

心理小贴士

1.成功，也许1009次都不会到来，但是，只要你坚持进行第1010次尝试，成功就会不期而至。

2.人生，总是会遭遇各种各样的困境。唯有努力地改变自己，成功才会更加青睐你。

3.不管什么时候，都不要放弃努力。唯有努力，才能让你获得好运。

第09章

拥抱广阔的世界，别在自己的井底里哀伤

每个人都有自己的世界，每个人的世界都不相同。我们活在自己的世界里，很多时候就像井底之蛙，拒绝进入更加广阔和陌生的世界。正因为如此，我们才变得眼光短浅，视野狭窄，无法容纳更多的爱和伤害。其实，人生就是不断接受的过程，每个人终究要融入广阔的世界，不仅仅为自己而活。

放过自己，才能重新开始

在生活中，每个人都难免遭遇意外。这些意外，有的是惊喜，有的是惊吓，有的是永远也无法抹去的伤痛。惊喜或者惊吓，都还好，然而伤痛却是人生永远的疤痕。不管什么时候，揭开这疤痕，都是赤裸裸的痛楚。然而，生命就像是嘀嘀嗒嗒行走的时钟，永远也不愿意停歇。不管我们遭遇了什么，也不管我们是否愿意掀开人生的新篇章，它就这样带着我们一路向前，奔向新生。所以人们说，时间是治愈伤痛的良药，也只有时间才能治愈生命无法承受的痛苦。

不管我们是欢喜，还是悲伤，我们都无法逆转地一路奔跑向前。时间总要流逝，不管你是珍惜它还是浪费它，都不能改变它生命的脚步。时间也总会带走我们生命中的很多东西，不管你是想记住它还是想忘记它。然而，等待时间去治疗伤痛，未免有些太过于被动了。在人生之中的很多时候，我们应该学会自己为自己疗伤，治愈痛苦。唯有如此，我们才能尽快从痛苦中摆脱出来，开始新的生活。既然不管我们是否愿意，生活都只有向前，那么我们何不自己主动向前呢?

张奶奶今年62岁了，她和老伴的感情非常好，最近还计划一起环游世界呢。然而，世事无常。前几天，她的老伴突发脑溢血，仓促离世了。这个打击让张奶奶非常痛苦，她恨不得追随老伴一起去了。但是，她的两个孩子全都请了长假，寸步不离地陪伴在她的身边，让她又不忍伤孩子们的心。过了没多久，张奶奶就去儿子家帮忙带孩子了。她的小孙子今年两岁了，正是调皮的时候。每天带着孙子忙忙碌碌，张奶奶终于暂时淡忘了老伴。一年之后，孙子去幼儿园上学了，张奶奶又陷入了寂寞和空虚之中。每当白天家里只剩下她一个人的时候，她总是偷偷地掉眼泪。儿子下班之后看着张奶奶红肿的眼睛，不由得担心起来。果然，没过多久，张奶奶得了严重的抑郁症，甚至产生了自杀的倾向。为了照顾妈妈，女儿把张奶奶接回自己家里，甚至还辞掉了工作，专心陪伴妈妈。看着女儿忙前忙后，处处想办法逗自己开心，甚至把好好的工作也丢了，张奶奶更加郁闷了。为了不给子女添负担，张奶奶决定报名参加旅游团，去国外走一走，看一看，完成老伴在世时的心愿。虽然女儿要求陪她，张奶奶却坚决拒绝了。

张奶奶从未走过这么远，她一路乘飞机，跟随旅行团来到了欧洲。他们的旅行团是专门针对老年人的，所以行程安排很缓慢。每天，老人们在一起聊天，都很开心。张奶奶还认识了好几个和她一样丧偶不久的老人，他们彼此开导，都决定要快快乐乐地活着。一个多月之后，张奶奶长途旅行回家了。看到张奶奶明显乐观开朗了，女儿和儿子心里都松了口气。张奶奶既没有去儿子家住，也没有去女儿家住，而是回到了自己家里。她对孩子们说：“放心吧，我以后不会再天天愁眉苦脸了。无论如何，我要好好活着，看着你们健康快乐。这样，你爸爸的在天之灵才能放心！”从此之后，张奶奶一改往日消沉抑郁的模样，每天都乐呵呵地买菜做饭，还报名参加了老年大学。

突然失去了老伴，张奶奶的心里一定非常伤心。然而，生老病死是人之常情，是无论谁都无法逃过的劫难。死去的人已经死去，活着的人却必须承担痛苦，承受思念。如果张奶奶继续郁郁寡欢，就会让孩子们的生活也受到影响。无论如何，活着的人都要好好活着。想明白这个道理，张奶奶就不再沉浸在老伴去世的痛苦之中了。

就像鲁迅先生笔下的祥林嫂一样，她始终沉浸在失去孩子的痛苦之中，见人就说。刚开始的时候，大家还很同情她，日久天长，人们都躲着她走。她呢，也因为始终在丧子之痛中无法自拔，所以生活一直非常消沉。作为现代社会的一员，每个人都应该更加明白事理。很多事情并非人力所能决定的，与其揪着不放过自己，不如学会淡忘，让自己尽快从痛苦中摆脱出来。

心理小贴士

1.如果永远沉浸在昨天的痛苦之中，那么你就要连今天的幸福也失去了。

2.人生总是会承受苦难和悲痛，正是它们使我们逐渐成长，变得成熟，有责任，有担当。

3.不要揪着过去不放，否则过去就将会成为你一生的囚牢。

放开手脚，才能施展拳脚

关于成功，每个人都有无数的设想；关于未来，没有人希望它不美好。最重要的是，如何追求美好的未来，如何让自己绮丽的设想变成现实。这一切，都依靠我们的努力。然而，有些人的确很努力，却丝毫不见成效。究其原因，是因为他们处处禁锢自己，没有放开手脚。人们常常说做事情之前应该深思熟虑，其实，从某种意义上来说，深思熟虑还不如固执已见。固执已见，尚且能够一门心思、无怨无悔地去做一件事情，深思熟虑，却很容易让人们心中顾虑太多，不敢放开手脚去干。人们常说在发展的道路上应该稳扎稳打，殊不知，过分地稳扎稳打很容易错失良机。有的时候，我们必须像一首歌里唱的那样：妹妹你大胆地往前走啊，往前走，莫回呀头！

人生的确需要稳重，但是人生也需要开阔。开阔豁达的人生，不是我们轻而易举就能拥有的，必须有胆识，有魄力，才能真正做到大刀阔斧。这就像是欣赏诗词，有些人喜欢婉约派，有些人喜欢豪放派。我们的人生，也因为我们各自不同的喜好，变得风格迥异。如何才能放开手脚呢？首先，我们要解除思想上的禁锢。不管做什么事情，一定都是有利有弊的。要想面面俱到，是不可能的。想清楚这一点之后，我们就不会患得患失，既想取得突飞猛进的发展，又担心步子迈得太大摔了跟头。其次，还要拥有开阔的视野，敢想敢干。人们常常说，心有多大，舞台就有多大。如果我们不能首先让自己的内心变得开阔，又如何提升自己的视野，拥有放眼世界的野心呢？！

李梅大学毕业后进入一家工厂工作，没过多久就因为工厂倒闭下岗了。想想自己刚刚大学毕业不久就变成了下岗女工，李梅一气之下，决定自己做生意。思来想去，她看好了旧书生意。事情起源于她大学毕业之前，为了完成论文答辩，需要找到一本如今已经不再刊印的资料。然而，因为年代久远，那本书在所有的书店都买不到。最终，李梅是在一家废品收购站里无意中看到的。看到这么多珍贵的书籍就这样变成废品，而真正需要它们的人却求之不得，李梅认定：旧书销售一定大有前景。听说女儿要去干和收破烂一样的营生，爸爸妈妈死活不同意：什么收旧书啊，不就是收破烂嘛！尽管爸爸妈妈坚决反对，李梅却不改初衷。

李梅不但从各个废品收购站购买旧书，还自己沿街收购旧书。她自己既是老板也是伙计，虽然亲戚朋友都觉得这个行业太卑贱，李梅却坚信自己一定会在旧书市场干出一番事业。收购旧书之后，李梅把旧书分门别类。很多像她一样买旧版资料买不到的人，都会来店里淘旧书，非但如此，她还把人们看过一次两次之后足有九成新的书也收购回来，按照低于新书很多的价格出售。这给爱书人士带来了福音，毕竟，书不是衣服，旧书也同样能够起到传承文化的作用，又能节省大量资金，何乐而不为呢？就这样，李梅把自己的旧书销售做得非常精，分门别类，秩序井然。不但如此，李梅还把自己的旧书店定位准确，主要经营当下热销的金融、财经类书籍。这类专业如今是热门专业，很多人在参加各种资格考试的时候，都要寻找全面的资料。就像去年春节之后，李梅收到了几百本财经类书籍，刚刚开学就被大学生们一抢而空。无须营销，就获得了最好的销售业绩。为了帮助自己拓展销量，增加收入，李梅还在淘宝上开了一家网店，主要经营各类文学名著和财经类的专业著述。不仅如此，李梅还为大学生开展代销业务。很多大学生在写论文或者进行学术研究的时候，需要购买大量资料。但是用过之后，书籍就失去了利用价值。卖废品当然不划算，如果放在李梅的店里代卖，不但可以让需要的人以低廉的价格买到图书，还可以让大学生们回笼一部分资金，去购置其他需要的书籍。

很快，李梅在下岗不到一年，就拥有了一家实体店和一家网店。看到李梅现在的事业发展得如火如荼，爸爸妈妈都喜上眉梢，在心里暗暗夸赞李梅有胆识、有魄力，看到了绝大多数人都没有看到的商机。

年轻人不管做什么事情，都应该有自己的主见。就像事例中的李梅，虽然家里人都不同意她开旧书店，但是她却打定主意，从沿街叫卖开始，开创了自己的事业。不管事业是大还是小，只要进入良性运转，就有着很大的发展空间。最重要的是，我们应该清楚自己想要什么。

不管做什么事情，都不要畏畏缩缩。要知道，只有放开手脚，大展身手，才能无所顾忌地施展拳脚，为自己抢占先机，抢占商机。也只有拥有如此胆识和气魄的人，才有可能得到成功的青睐。

心理小贴士

1.不管做什么事情，都是有得有失的。千万不要患得患失，只需要权衡利弊，清楚自己想要什么。

2.每个人做事情都不可能面面俱到，我们必须大胆地放开手脚，才能激发自己的潜力，让自己一往无前。

3.想要拥有开阔的人生，我们首先要让自己拥有一颗开阔的心。

你是这个世界上独一无二的自己

大千世界，芸芸众生，你随着汹涌的人潮生活，是否还记得自己是谁？在人群中，我们最容易迷失自己，因为我们放眼看去，每个人都那么优秀，那么独特，都值得我们学习和模仿。然而，千万不要因为模仿别人而失去自己，否则你就是东施效颦，徒劳地招惹别人嘲笑你，讥讽你。也许有人会说，我们不是应该学习他人的长处吗？学习，并非盲目地模仿，而是根据自己的需要，吸取别人的优点，摒弃别人的缺点。不管你多么勤学，都不要因为学习别人而失去自己的特点。在这个世界上，没有两片完全相同的树叶，也绝没有两个完全相同的人。每个人都是最独特的自己，不管是好还是坏，这种独特都无法复制。就像大明星最害怕撞衫一样，难道你们想让自己变得和别人一样吗？只有保持自我的本色，你才是你。

现代社会，随着医学美容技术的发达，很多人都去整容，让自己变得更加完美。试想，假如这个世界上的每个女人都长得和范冰冰一样妖娆，那么范冰冰还能称得上是美吗？假如这个世界上的每个男人都和施瓦辛格一样强壮，还有男子汉的称谓吗？正是因为有所区别，有所比较，这个世界才有了各种相对的概念，诸如美和丑，善和恶。很多时候，我们做事情难免被他人评判。只要我们自己坚信是对的，就无须人云亦云地改变。归根结底，每个人都站在自己的角度看待问题，很难做到设身处地地为别人着想。我们唯一需要做的，就是问心无愧，坚持自我的本色。很多时候，人们痛苦不已，那是因为发现自己和理想中的自我完全不同。对于人类来说，这是一种莫大的不幸。因此，我们不能人云亦云，亲手去造成这种不幸局面的出现。唯有坚持本色，才能让我们身心合一，心灵安宁。

很小的时候，露丝就因为自己长得太胖而自卑。尤其是她的脸，那么白白胖胖，使她看起来比实际上更胖。遗憾的是，露丝的母亲非常因循守旧，她从来不给露丝穿漂亮的衣服，因为她认为爱好打扮不是正经女孩应该做的事情。就这样，露丝从小就穿着肥肥大大的破旧衣衫，这使她更加自卑了。上学期间，露丝从来不和其他小朋友一起玩，因为她担心自己这么胖会被人嘲笑，又担心那些漂亮得像花蝴蝶一样的小伙伴嘲笑她肥大破旧的衣服。露丝越来越敏感，她自卑而又害羞，一向羞于见人。

后来，露丝嫁给了一个好心眼的丈夫。她的丈夫全家人都非常友善，总是积极地鼓励她，不管她做什么事情都支持她。然而，这并没有改变露丝的自卑和胆怯。尽管露丝心里也非常想表现得像正常的女孩那样，但是她失败了。家人看到露丝竭尽所能地改变自己，却因为根深蒂固的自卑怯懦把一切搞得更加糟糕，也非常伤心。然而，他们越是费尽心机地鼓励露丝，露丝就越发紧张，恨不得躲到没有人的角落里再也不出来。最坏的时候，露丝甚至一听到门铃响就躲进屋子里。为了不让丈夫发现自己的异常，露丝总是在公共场合表现得特别高兴。这种伪装的高兴过于夸张，反而把事情搞砸了。露丝的自信心消失殆尽，她甚至想到了死。然而，这一切都因为一句话改变了，露丝突然之间就变成了一个快乐的人。

这句神奇的话是婆婆说的。有一天，露丝正在和婆婆聊天。当说起如何教育孩子的时候，婆婆漫不经心地说："教育孩子没什么难的，无论什么情况下，我对他们都只有一个要求——保持本色。"简简单单的四个字——保持本色，让露丝茅塞顿开。刹那间，露丝明白自己为什么一直以来那么苦恼了：她没有保持本色，而是企图让自己变成另外一个人。这句话给了露丝极大的自信，从那之后，她开始保持本色。她不再因为肥胖而心生自卑，而是努力发现自己的优点，学会搭配服装，选择最适合自己的颜色，把自己打扮得更加时尚和养眼。婆婆的话不但改变了露丝穿衣打扮的风格，还改变了她的性格。露丝不再自卑怯懦，而是开始尝试着交朋友。虽然第一次参加小型社团活动时，露丝吓得要死，但是她每参加一次社团活动就变得更有勇气。如今，露丝变得非常快乐。在教育孩子的时候，她和婆婆一样，对孩子唯一的要求就是：保持本色。

露丝的痛苦经历告诉我们，永远也不要企图把自己变成另外一个人，不管那个人多么完美，多么受欢迎。归根结底，他都不是你，而你只有成为自己，才是最轻松惬意，最快乐的。无数人生活的经验告诉我们，一个人要想快乐地生活，最重要的就是成为独一无二的自己。每个人都有适合自己的生活方式，我们无须因为任何要求强迫自己改变。

现代社会，很多年轻人都觉得困惑和迷惘，不知道自己应该怎样生活。其

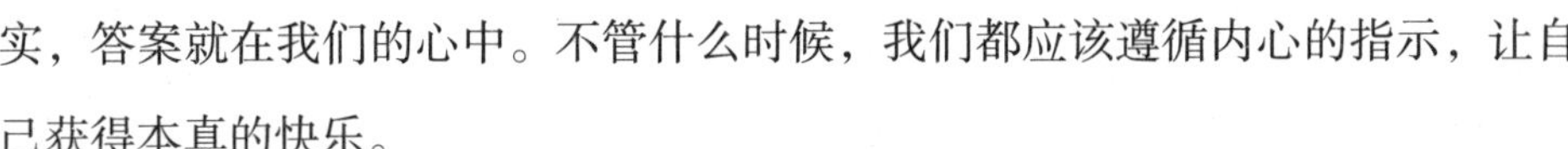

实，答案就在我们的心中。不管什么时候，我们都应该遵循内心的指示，让自己获得本真的快乐。

心理小贴士

1.无论你怎么努力，你都无法成为任何其他人。既然如此，何不快乐地做自己呢？

2.正如你不想和别人撞衫，你同样不想和别人撞脸，并且希望自己的言谈举止有着独特的魅力。

3.无论何时，你都要相信，总有人欣赏你的独特。

永远不要停下成长的脚步

在茂盛的森林里，有一棵梨树。这棵梨树是一个小男孩扔下的梨核长出来的。经过好几年的成长，它才在今年结了十个梨子。路过的人看到树上的梨子欣喜万分，爬到树干上摘走了九个梨子。梨树愤愤不平地想：我辛苦了一年才结出十个梨子，就被别人摘走了九个，只剩下一个梨子。第二年，它不再卖力结果，只结了五个梨子。路过的人又看到梨子，高兴地摘走了四个。如此一来，梨树依然只剩下一个梨子。但是它很高兴地想：“去年，我剩下百分之十的果实，今年，我剩下百分之二十的果实。”第三年，梨树只结了一个梨子，又小又青涩，根本没人愿意爬到树上去摘。梨树欣慰地想：“我终于拥有了百分之百的果实！”正当它这么想的时候，砍柴人来到树下，自言自语道：“其他的树木都长得郁郁葱葱，这棵梨树却只结了一个小小的梨子，还不如砍去烧火呢！”就这样，瘦弱的梨树被砍柴人几斧头就砍倒了。梨树懊悔不已，恨自己为什么不多结一些梨子呢！

实际上，梨树完全可以选择在第二年的时候结出更多的梨子。即使被人拿走百分之九十，它也能剩下更多的果实。遗憾的是，它的选择方向完全错了。因为放弃了成长，它最终被当成不能结果的梨树，失去了存在的价值，变成了烧火的柴火。在这件事情中，重要的是梨树是否在成长。我们存在于社会上也是同样的道理，我们可以不必一步到位地获得成功，但是我们必须持续地成长。只有成长，才能使我们变得更加茁壮，更好地体现自身的价值。生活中的人们，扪心自问：你是否也像梨树一样，因为自己的付出得不到相应的回报，就牢骚满腹。其实，这种现象在职场中非常普遍。很多年轻人心高气盛，刚刚工作的时候满怀热情，恨不得投入自己所有的时间和精力。然而，当工作做出了成果，领导们却只是简单地进行口头的表扬，甚至根本都没有注意到。这个时候，我们就会觉得自己的付出完全不值得，恨不得再也不给公司做出任何贡献。殊不知，在你不再付出的同时，公司也看不到你的成长，那么留着你这样一棵幼苗还有什么用处呢？很多用人单位都不喜欢聘用应届大学毕业生，是因为他们往往心比天高，能力有限，经验匮乏。公司在聘用应届毕业生的前几年时间里，其实是在帮助他们带薪培训，让他们提升能力，把书本上的知识和实际工作结合起来，增加经验。对于这样的投入，假如看不到年轻人成长的迹象，公司就会当机立断，不再聘用。由此看来，当很多年轻人怨声载道的同时，其实是在得到公司的包容和耐心。所以，任何人，永远都不要停下成长的脚步。大多数情况下，你的价值就体现在你成长的过程之中。

刚刚从象牙塔里出来，步入工作的林楠心气非常高。进入公司之后，虽然他只是小小的职员，但是基本每天都是早早到公司，下班很久才离开。林楠想在进入公司之初就给领导留下好印象，也为自己的未来职业发展铺平道路。

如此坚持了一年多之后，在年终奖励上，领导提到了很多对公司有特殊贡献或者在工作上表现良好的职员，唯独没有提到林楠的名字。看着平日里迟到早退的同事都榜上有名，林楠心里很不服气。春节过来，林楠在工作上的表现明显有了很大的退步。他心中暗暗地想：既然我费尽心思地在工作上表现出色，却得不到认可，那么我不如混日子，也不至于挨批评。就这样，林楠在职业生涯上完全荒废了一年。他每天都抱着当一天和尚撞一天钟的心态，一年之中再也没有突出的表现。到了年底的时候，人事部的经理通知他过完春节无须回公司报到了，因为他被领导钦点炒了鱿鱼。虽然林楠每天都在混日子，却从未想过自己真的会被炒鱿鱼。得到通知后，他发微信问领导："领导，很多人都迟到早退混日子，为什么你不辞退他们？"领导不动声色地回复他："你还没有迟到早退的资本，就已经放弃了成长。"也许很多时候都要失去了才懂得珍惜，林楠心中懊悔不已，如果再给他一次机会，他一定会努力工作，不管别人怎么做，都竭力提升自己。

在上述事例中，林楠和文章开头的梨树犯了相同的毛病。他只是因为心里不平衡，就放弃了努力，让自己不再成长。在职场上，的确有很多人自以为是，觉得地球离了他就不转了。其实，地球离了谁都照样转，每个人都远远没有自己想象得那么重要。与其自己把自己淘汰了，不如利用公司的平台努力提升自己，让自己更加快速地成长、成熟起来，这样才算真正具备与公司斡旋的资本。

很多时候，我们看到别人悠闲地工作，享有很多特权，却不知道他们在很早之前就已经付出了加倍的努力。无论如何，与其羡慕别人的悠然自得，不如自己抓紧努力，也好争取早日开花结果。

心理小贴士

1.也许成功距离你现在的生活还很遥远，没关系，只要你坚持不懈地努力，早晚能够获得成功。

2.成长，是每个人都无法逃避的人生必修课。不管你是否愿意，不成长就意味着被淘汰。

3.不管是在生活中还是在工作上，都没有必要与他人攀比。我们只需要做好自己的事情，遵循自己的意愿去努力，就足够了。

突破禁锢，解放自我

在这个世界上，人人都争取自由，但是没有人享有完全的自由。从某种意义上来说，一个人不管职位高低或者拥有多少金钱，他都生活在各种限制之中。每个人在做人做事的时候都有很多顾忌，要照顾到方方面面的人和事，无法肆意妄为。因此我们说，这个世界上没有纯粹的自由。所谓的自由，都是相对的。有些人因为曾经努力过，享有更多的金钱和权势，因此就享有更大的自由。相反，有些人不曾努力，更不曾为人生拼搏，处处都不见起色，生活在社会的底层，那么他相应地也就享有更小的自由。很多时候，限制我们自由的不仅仅是作为身外之物的金钱权势，也有可能是我们的内心和思想。既然内心的限制就已经很多了，我们的当务之急就是打破自己内心的限制，让自己拥有更加宽阔的心灵舞台。

在外界的干扰中，有一个很大的干扰就是他人的议论。如今，随着信息大爆炸时代的到来，几乎所有的事情都会在转眼之间尽人皆知。中国人历来把面子看得比生命更加重要，当听到别人的风言风语，我们的第一反应往往不是维护自己，而是检讨甚至改变自己。殊不知，别人虽然有着自由评论的权利，却并不知道你所面对的真实情况。因此，但丁曾经说过，走自己的路，让别人说去吧。如果我们也能拥有这种从容与洒脱，生活就会变得更加容易一些。对于外界的限制，我们可以以自己的标准去衡量。常言道，规矩是死的，人是活的。很多规矩的定立都是以当时当事的情况为出发点，随着发展和变革，也许并不适合现代社会。对于规矩，我们应该采取批判的眼光看待，对的，我们就认真遵守；错的，我们就勇敢打破禁锢，解放自我，追求心灵的放飞。曾经还有位名人说过，人最大的敌人是自己。我们唯有战胜自己的内心，获得心灵的彻底解放，才能突破生命的禁锢，自由地飞翔。

苏格拉底是古希腊著名的哲学家、思想家。他一生之中从不被外物禁锢，始终享受心灵的自由。年轻的时候，苏格拉底和几个朋友合住，挤在只有七八平方米的小房间里。虽然生活很不方便，但是他从不苦恼，每天都笑眯眯的。人们问他：“你们好几个人挤在一起，转身都转不开，你怎么还这么高兴呢？”苏格拉底不以为然地说：“和志同道合的朋友一起居住，随时可以谈天说地，畅聊人生，我当然高兴啊！”

没过多久，苏格拉底的朋友都结婚成家，原本拥挤的小房间里只剩下他一个人。但是，他依然乐呵呵的，从不烦恼。人们又问他：“现在你一个人冷冷清清的，怎么还笑得出来呢？”他不假思索地回答道：“我一点儿也不寂寞，因为有书陪伴我。每当有困惑，我就可以向我的良师益友——书本请教。”

几年之后，苏格拉底也结婚成家，搬进了一幢七层高的楼房中生活。他住在一层，每天都要忍受楼上邻居出来进去的吵闹声，还时不时地有垃圾从楼上扔下来。不过，他从不烦恼，依然开心地度过每一天。人们又问：“你住在如此肮脏杂乱的房间里，还很快乐吗？”他不以为然地说：“一楼多好啊，不用爬楼，进出方便，朋友随时都可以来拜访我。尤其是我的花园，你看看那些五颜六色的花朵和青翠欲滴的小菜，就知道我过得多么惬意了。”没过多久，苏格拉底为了帮助朋友，搬到了顶楼，把一层的房子让给了朋友。原来，他的朋友家有个老人瘫痪了。这次，人们开始嘲笑苏格拉底：“您现在搬到七层了，难道还和住一楼一样逍遥惬意吗？”苏格拉底发自内心地笑着说：“当然。顶楼有顶楼的妙处，不住的人根本不知道呢！我现在每天都享受安静的生活，不管是白天还是黑夜，从未有人爬上七层打扰我。因为不得不爬到七层楼梯，我的身体也变得更加强壮。最重要的是，七层的光线太好了，我看书写文章都毫不费力。”

人们很困惑，不知道苏格拉底的快乐从何而来。在遇到苏格拉底的学生柏拉图时，他们都问柏拉图：“你的老师为什么总是很快乐呢？要知道，他的处境并不好啊！”柏拉图对老师的快乐习以为常，他不假思索地说：“让他快乐的不是处境，而是心境。”

生活中，我们常常因为没有大房子、好车而烦恼，甚至因为工作上的不如意而郁郁寡欢。其实，我们的处境比苏格拉底好多了。我们之所以不快乐，就是因为我们被物质禁锢，让我们的心境变得糟糕透顶。如此一来，我们还有何快乐可言呢？！

自古以来，很多伟大的哲学家、思想家、科学家，之所以能够有所成就，就是因为他们突破了物质的禁锢，专注于自己的精神世界，所以才能全然忘我，有所作为。当我们因为生活中琐事烦恼不已时，伟大的人更多的是为全人类而忧思。从普通人的角度来说，虽然我们未必能有伟大的成就，但是突破物质的禁锢，却能帮助我们获得心灵的宁静，享受岁月的静好。

心理小贴士

1.人生，重要的不是目的地，而是旅途中看到的美好风景和真切感受。

2.每个人都被很多东西禁锢，或者是金钱权势，或者是名利欲望。只有突破禁锢，我们才能解放自我，回归心灵。

3.只有突破重重禁锢，回归心灵，我们才能拥有真正的幸福。

不要成为井底之蛙

在古代社会，人们要想从一个地方去往另一个地方，必须经过长年累月，长途跋涉，排除旅途中遇到的重重阻碍和困难，才能顺利到达。幸运的是，我们生活在现代社会。这是一个交通非常便利的时候，也是一个信息爆炸的时代。我们轻而易举地就能通过各种渠道了解全世界发生的大事小情，也能轻轻松松地乘坐，一夜之间就飞到地球的那一边。如此的便利，让我们不再仅仅局限于眼前的生活和视野，只要我们愿意，我们完全可以立足脚下，放眼世界。除非心甘情愿地成为井底之蛙，你几乎可以了解自己想知道的一切新闻和国际大事。

所谓井底之蛙，顾名思义，就是守在井底的青蛙。它们即使穷尽目力，也只能看到头顶的一小片天空，甚至根本不知道它所见的天空之外还别有天地。如今，随着信息的极速传递和交通的极大便利，整个地球都已经变成了村庄。只要我们愿意，我们的朋友可以来自世界各地，这丝毫不影响我们彼此之间的友谊。因为，我们可以用电话、手机、邮件和视频交流，就像比邻而居的人们那样，甚至比邻居之间更加亲密无间。在这样的时代，如果你依然固守着自己的世界，不愿意敞开怀抱拥抱整个世界，那么你就是不折不扣的井底之蛙。很多人都抱怨自己没有机遇，因此总是与成功失之交臂。其实，现代社会的机遇对每个人都是平等的，只要你处处留心，你就会发现机遇很多。最不可思议的是如今的购物，坐在家里足不出户，你就可以买到全球各地的美食和商品。便捷的物流，使得美味新鲜的食物前一刻还在大西洋，转眼之间就出现在你的餐桌上。当然，这一切都是井底之蛙享受不到的。井底之蛙不但享受不到美食和来自全球各地的商品，也无从看到遍布全世界的商机。由此可见，要想让自己的人生获得长足的发展，抓住形形色色的机遇，我们首先要开阔眼界，打开视野和思路。

在水草丰茂的大森林里，生活着狼和鹿这两种动物。在大多数人的心目中，鹿是一种充满灵气的动物，它们善良而又美丽，就像是上帝派到人世间的天使。相比之下，狼的形象就没有那么好了。人们总是觉得狼是非常凶残和暴力的动物。尤其是当狼猎杀鹿的时候，人们恨不得拿起枪来杀死所有的狼，以保护美丽的鹿。包括美国的罗斯福总统在内，大多数人都持有这样的观点。恰恰是这种想法，让罗斯福总统犯了一个非常严重的错误，破坏了凯巴伯森林中的生物链。

在凯巴伯森林中，有着大量的植被。大概有三千多只美丽的鹿生活在这里，享受水草充足的生活。然而，它们的生活总是被不和谐的音符打断——凶残的狼想尽办法猎杀它们。为了保护鹿，罗斯福总统下令猎人们猎杀狼。在无情的枪口下，狼大量死去，发出凄惨的哀号。果然，鹿成了森林的主人。每天，它们都惬意地吃草。因为没有天敌的猎杀，它们的繁殖速度惊人。没过多久，鹿就把森林中所有的草都吃光了。最终，它们因为饥饿苟延残喘，奄奄一息。罗斯福总统没有想到的是，狼是森林的保护神。正是因为它们不断地猎杀鹿，从而控制了鹿的数量，森林才会维持平衡。

作为美国总统，罗斯福也有短见的时候。因为不了解自然界的平衡定律，他盲目地根据成见做出了决定，导致森林里的植被全部被鹿吃光，鹿也濒临灭绝的边缘。其实，我们又何尝不是如此呢？要想避免这种情况的出现，我们就应该多多读书，增长见识，并且走过更多的地方，看遍各地的风土人情。古人云，读万卷书，行万里路。在古代，这也许只是一种梦想，但是在现代社会却轻而易举就能实现。如此便利的条件，如果我们还不能更好地把握自己，那么，就会成为真正的井底之蛙。

也许有人会说自己知道的很多，殊不知，知识的海洋是永无止境的。唯有怀着谦虚好学的心，我们才能掌握更多的知识，让自己涉猎更广泛，尽量避免犯短见的错误。从现在开始，年轻的人们，努力学习吧，只有不断地学习，才能帮助我们避免“井底之蛙”“管中窥豹”的错误。

心理小贴士

1.万事万物都有其自身的规律，我们千万不要在不了解的情况下就盲目地打破这种规律和平衡。

2.每个人都应该怀着谦虚的态度保持终身学习的习惯，学无止境，永远都要保持空杯心态。

3.人生必须不断地进步，才不至于被时代的滚滚车轮抛下。当整个时代都在飞速前进，你若不学习，就是退步。长时间的退步，会让你渐渐变成井底之蛙。

第 10 章

性格决定命运，打造自己的好运性格

人们常说，性格决定命运，这句话很有道理。很多时候，我们的一生都会因为性格受到影响，同样一件事情，不同性格的人往往会做出完全不同的反应，从而也就导致结果的大不相同。那么，如何打造好自己的性格，让自己始终与好运相伴呢？虽然也有人说，江山易改，秉性难移。但是只要我们处处留心，用心改变自己，扬长避短，就一定能够让自己拥有好性格。

不要成为“万人烦”

有位名人曾说，这个世界上没有两片完全相同的叶子。同样的道理，这个世界上也没有两个完全相同的人。即使是长相完全一样的双胞胎，性格也会完全不同。大千世界，之所以五彩缤纷，不仅仅因为人们长相各异，也因为千人千性，每个人的性格都截然不同。如此一来，生活才会充满绚烂的色彩，不至于让人觉得枯燥乏味。有些人的性格友善宽和，总是能够博得身边人的喜爱。他们似乎拥有独特的魅力，能让身边的人们情不自禁地被他们吸引，围聚在他们身边。和他们截然相反的是，有些人的性格非常古怪僵硬，做人做事总是固执己见，听不进别人的劝诫，总是一味地服从自己的内心。有的时候，他们还因为过于自我，说话做事都丝毫不顾及别人的感受。由此一来，大家难免会讨厌他们，甚至刻意躲着他们。这种人，就是“万人烦”。当然，“万人烦”的说法未免有些夸张，不过，在生活和工作中，如果得不到身边的同事、朋友的支持和帮助，还是会造成很大困扰的。

简单地来说，“万人烦”的性格大多数比较偏执。他们往往特别自以为是，总觉得自己不管说什么做什么都是对的，总是要求别人按照他的旨意行事。殊不知，现代社会的人们不再像古代帝王一样享有金口玉言的特权，每个人都应该学会包容，学会采纳别人的意见，让自己的看法和见解变得更加成熟可行。当遇到偏执性格的人，人们总是避而远之。在因为观念不同发生争吵的时候，偏执性格的人还会找出各种理由和借口，明明知道是自己的错误，却死活不承认。对于这样的人，谁还愿意和他合作呢？偏执性格的人还特别敏感，心怀疑虑，常常把别人的好心当成恶意，揣测别人的用心。这种性格类型的人人际关系很差，最终会落得众叛亲离的下场。还有一种“万人烦”，并非因为冷漠和固执，而是太过热心。生活中常常有这样的人，他们不管对什么事情，哪怕是和自己毫无关系的事情，都会表现出过分的热情。在农村生活中，这种人最喜欢东家长西家短地散布谣言，在现代职场上，这种人也是流言蜚语的根源。当一个人变成了“长舌妇”，朋友和同事们自然会对他敬而远之，毕竟，没有人喜欢自己的私事被说得尽人皆知。由此一来，“长舌妇”也便成了“万人烦”。当然，在生活中，人们既不会无缘无故地喜欢一个人，也不会无缘无故地讨厌一个人。我们要想拥有好人缘，就必须努力反省自己，改变自己的性格，学会包容、宽厚和友善地对待他人。

王民是公司的新进职员，虽然长得皮肤白净，看起来文文弱弱，但是没过多久，大多数同事都开始讨厌他。这是为什么呢？原来，他是个不折不扣的万人烦。不管其他同事说什么事情，哪怕这件事情和他毫无关系，他也会凑上去不知好歹的随便插话，看似热心地给别人提出建议，实则别人根本不需要他的虚伪热心。很多时候，两个同事正在就一个问题认真交流，他也会突然上去冒出几句来，让同事们丈二和尚摸不着头脑，只能嫌恶地看着他。

有一次，有两个女同事正在讨论孕期的问题，她们的声音原本压得很低，只有彼此能够听到。王民路过的时候，看到这两个女同事窃窃私语，不由得站在旁边侧耳倾听。听着听着，他突然大声说：“怀孕应该多吃有营养的东西！”这下子，办公室的同事全都抬起头来注视着他们，弄得那两个女同事非常尴尬。一个女同事气愤地骂道：“我们是在和你说话吗？关你什么事啊，你非要来多嘴说几句？你怎么这么讨厌呢，真是个‘万人烦’！”说完，这个女同事还狠狠地瞪了王民好几眼。

从此之后，办公室里的同事每当说话，都像防贼一样防着王民，生怕他一不小心就大声插话，搞得大家都很尴尬。

上述事例中的王民，是个典型的“万人烦”。职场之中是讲究隐私的，尤其是当异性同事窃窃私语的时候，他不但偷听，还插嘴，更加让人讨厌。我们在职场中，包括在生活中，一定要学会尊重他人。有些事情，如果别人想告诉你或者征求你的意见，一定会亲自和你说。聪明的人，遇到别人窃窃私语的时候总是避之不及，担心听到不该听的话，又怎么会凑上去偷听呢？可想而知，王民的职业生涯，因为同事们的厌恶必将受到阻碍，甚至他还有可能因此而失去工作。

每个人都有自己的性格特征，很多时候，性格会影响我们做事的风格。既然意识到性格的影响如此之大，就一定要用心改变自己的性格，不要处处招人讨厌。

心理小贴士

1.在职场生涯中，不该打听的事情不要打听，不该参与的事情要避免参与。

2.每个人都只有学会尊重别人，尤其是要尊重别人的隐私，别人才会给予你善意，尊重你。

3.千万不要表现得过于热心，因为很多时候你的热心对于别人来说是一种负担，只会让人心生反感。

成为自己的主人

上文说过，每个人的性格都完全不同。有些人性格偏执，容易招致他人的厌恶。与此相反的是，有些人恰恰是因为软弱，成为受人摆布的傀儡。虽然偏执是一种很不好的性格，但是过于软弱，没有主见，同样无法成为自己命运的主人，不管做什么事情都会一事无成。在生活中，很多人都喜欢示弱，其实，示弱除了让别人给你泛滥的同情之外，并没有那么多救世主会慷慨大方地援助

你。要想改变命运，要想获得成功，归根结底，还是要依靠自己。

对于现代社会的年轻人来说，职场上尤其不能示弱。很多职场人士都以为只要对上司的指示言听计从、毫不打折地做到，就是合格的员工。的确，能够百分之百执行上司旨意的是合格的员工，但却绝不可能成为优秀的员工。工作，并非是简单的操作。尤其是当你想发展成为公司的业务骨干时，你不但要学会执行领导的旨意，更应该拥有自己的主见，为公司提出创建性的意见或者建议。很多时候，领导高高在上，只负责掌握公司的大方向。有些领导也因为脱离具体业务时间太久，无法给出更加中肯的指导。在这种情况下，如果始终奋斗在一线的你能够从自己的视角出发，给公司领导提出可行性建议，那么一经采用，你在领导心目中的地位就会大大提升，在公司里的影响力也将会远远超过你埋头苦干三五年。如此成功的捷径，只有有心的员工才能做到。这一切的先决条件，都是你要拥有自己的主见，有自己的独到眼光和见解，并且敢于大胆地向领导提出自己的设想。如今的企业发展，已经进入集思广益的年代。你们一定要努力改变自己，才能跟上时代的脚步。

张宇和黎明都是公司的实习生，在结束为期六个月的实习生涯后，公司会根据他们的表现决定是否正式聘用他们。为了争取得到工作的机会，张宇和黎明都非常勤奋。每天早晨，他们总是前后脚赶到公司，主动打扫办公室帮同事们烧热水，泡茶。对于他们俩的表现，同事们都赞不绝口，甚至提议领导待到实习期满之后，把他们俩都留下来。

充实的生活总是过得飞快，转眼之间，张宇和黎明还有一个月就结束实习了。领导给他们出了一个题目：去市场了解大闸蟹的价格情况，为公司的老客户置办年礼。得到领导的指令，张宇和黎明都立即出发了。很快，张宇回来了，他告诉领导："市场上的大闸蟹大概每只四两重，280元一斤。"领导问："有没有大一些的呢？"张宇再次出发，很快就回来禀告领导："大的有六两重的，560元一斤。"领导又问："那么，有没有小一些的，价格更便宜的，可以送给小客户。"就这样，张宇再次领命而去，调查小一些的大闸蟹的价格。看到黎明到现在还没回来，张宇不禁暗自窃喜：黎明这家伙，估计连哪里有大闸蟹卖都不知道吧！当张宇调查完小个头的大闸蟹价格回来禀告完领导之后，都快下班了，黎明才不急不忙地回到公司。

见到领导之后，黎明拿出自己的笔记本，详细向领导汇报了自己一天的收获："三两重的大闸蟹，180元一斤，可以送给小客户；对于老客户，可以送四两重的大闸蟹，280元一斤；对于刚刚开辟出来的新客户，可以送六两重的大闸蟹，560元一斤。当然，这些都是表价。如果成批量购买，卖家承诺可以给优惠20%左右。此外，市场上最近有非常新鲜的山野菜，赠送客户的时候，可以和大闸蟹一起作为礼品。这些客户都是有钱有权的，肯定不缺大鱼大肉。从山里运来的纯野生的山野菜，绿色有机无污染，他们肯定也喜欢。山野菜的价格，如果按照二斤装的礼盒，应该是在每盒360，这是100盒的批发价，如果要的量大，还可以再优惠10%。"听了黎明的汇报，原本眉头紧蹙的领导不由得笑了起来。毫无疑问，黎明才是领导心目中的最佳员工。

在上述事例中，张宇虽然很勤快，对领导的话言听计从，但是却没有任何主见。只是调查大闸蟹的价格，他就跑了足足三趟。黎明则完全不同，他不但问出了不同重量的大闸蟹的价格，还货比三家，最终敲定了大闸蟹的批发价格。此外，他还灵机一动，想到了客户一定会喜欢纯野生的山野菜，作为大鱼大肉之余的健康饮食。如此一来，领导怎么会不欣赏他呢?

生活中的人们，不管做什么事情，都要有自己的主见，有思路。能把领导的旨意执行到位，并且能提前想到领导所没有想到的，供领导开阔思路所用，才是优秀的员工。

心理小贴士

1.人如果没有自己的主见，处处都软弱可欺，就无法成为顶天立地的人。

2.不管是在工作还是在生活中，我们都要成为自己的主人，有自己的思想，有自己行事做人的独特风格。

3.在通往成功的路上，仅仅成为一名合格的员工还远远不够，必须成为一

名优秀的员工才能更加接近成功。

别被虚荣心绑架，真实才有力量

现实生活中，很多人都热衷于攀比。人们不但比谁家的房子更大，谁家的车子更好，还比谁家的孩子更高更胖更壮，谁家的孩子考试分数更高，谁家的孩子上的大学更好……当然，在所有事情之中，比得最多的还是成就。谁的工作好，谁的薪水高，谁的老公更有钱，谁的老婆更漂亮。细细想来，人似乎就是为了攀比而活着。很多人之所以努力工作，辛苦挣钱，就是为了在熟悉的人面前有面子。归根结底，这些攀比都是虚荣心在作怪。从本质的角度来说，不管我们如何攀比，我们的生活都不会改变，而将一切如常。遗憾的是，在攀比的过程中，我们的心情变了。当看到自己的老公没有别人的老公帅，挣钱也没有别人的老公多，你会情不自禁地就对老公心生抱怨，甚至还会当着老公的面数落他哪里哪里不如别人。由此一来，原本和谐融洽的感情就会受到影响，轻则吵架，重则感情破裂。真正自信的人，只会踏踏实实地过属于自己的生活，而不会过多地关注别人，更不会因为别人而影响自己。大多数虚荣心强的人，都是因为好强，也会因为自卑。争强好胜是一种非常不好的性格。在前段时间播出的电视采访节目上，在河南新乡县，一名52岁的老妇人，因为嫉妒邻居家的孙子长得比她的孙子强壮也聪明，就残忍地把年仅5岁的孩子杀死了。这是怎样的虚荣心，导致了如此恶劣的行径。面对5岁的孩子，他那么天真可爱，那么纯洁无邪，她又是如何痛下杀手的呢？她的心智已经被虚荣心和争强好胜的心掩盖住了，才会做出这样灭绝人性的事情。

虚荣心是人生的桎梏，很多人在生活中被虚荣心绑架。在与别人不断攀比的过程中，他们越来越自卑，越来越空虚。当觉得自己不如别人却又无法改变的时候，就会失去理智，做出违法犯罪的事情。真正的自信与自尊，是来自我们强大的内心，无须依靠作为身外之物的金钱权势来支撑。林则徐曾在一副对联中写道，“壁立千仞，无欲则刚”。这句话的意思是告诉我们，只有消除欲望，才能真正强大起来。很多人都知道这句话，然而真正能够做到的却少之又少。要想消除虚荣心，降低欲望，我们就必须弄清楚自己为什么而活。很多时候，我们为面子而活，我们所做的一切都是为了让自己更加有里有面地出现在众人面前。现在我们要说，我们必须为自己而活。生活得是好还是坏，只有我们自己的感受才是标准，而无须在乎别人的评价和议论。

最近，婷婷特别烦恼，原来，她的两个闺蜜都买了车。看着闺蜜每天开着车上班下班，过上了精致的小资生活，婷婷很着急。她特别爱面子，每次闺蜜聚会，看到闺蜜开着车，自己却坐公交车，她越来越自卑。

经过一段时间的思考，婷婷和老公商量着借钱买车。老公纳闷地说：“借钱买车？你上班的地方到咱们家就三站地，只需要十来分钟。买车是个消耗品，买来之后不管开不开，不但要交保险，还要花费油钱。这样想来，远远不如坐公交车划算啊！更何况，你还要借钱买车！”婷婷为难地说：“娜娜和静静都买车了。她们的单位都离家很近，现在买车是潮流。每次聚会，人家都开车去，就你老婆坐公交车，你不觉得丢面子啊。”老公不以为然地说：“我才不觉得丢脸呢！打肿脸充胖子才是丢脸。女儿很快就要高考了，到时候上大学需要一笔费用。家里的钱必须留着给女儿上大学，更不能借外债。咱们都是工薪阶层，不能要面子不要里子啊！”不管老公怎么说，婷婷都一门心思地想要买车。虽然老公最终同意她买辆几万块钱的QQ代步，她却还是不知满足，非要买辆十几万的科鲁兹。最终，他们的谈话不欢而散，毫无结果。

没过几天，婷婷居然真的开了一辆科鲁兹回家。看着新车，老公火冒三丈。他质问道：“你是跟谁借的钱？你是跟谁借的钱？”婷婷喜滋滋地说：“我谁也没借钱，我是贷款买的，每个月还两千多！”听了婷婷的话，老公更加生气了：“贷款？每个月还两千多？你知道你的工资是多少钱吗？”婷婷每个月只有三千多块钱工资，这就意味着他们家以后很长一段时间里都要依靠她老公的三千多元的工资生活了。在女儿没有考上大学之前，这个钱还能勉强凑合维持生活。一旦女儿考上大学，每个月也需要一千多元的生活费，家里的生活就会捉襟见肘了。老公气愤地说："我看你是不想过了，你干脆一步到位，把我也换了吧。人家娜娜和静静的老公都是做生意的，开个车还情有可原。咱们都是靠工资吃饭的，等到人家住了大别墅，你还不得急死吗？你是不是也得卖了女儿，去买别墅住呢？！"婷婷的脸被老公说得红一阵子白一阵子。虽然她也有些后悔，担心以后的日子怎么过，但是她还是喜滋滋地开上了车。

事例中的婷婷，如果不能及时控制自己的虚荣心，不再和有钱的闺蜜攀比，未来的生活一定会越来越被动。每个人的生活都是自己的，我们不能为了让别人羡慕，而舍本求末。婷婷的老公说得很对，老百姓的生活不能要面子不要里子。归根结底，车开出去只能风光一时，只有生活过得好，才是幸福全家人的事情。

生活中的人们，在职场上打拼的时候，朋友之间、同事之间，一定会有经济条件比我们更好的，生活的各个方面也都比我们更加优越。这个时候，千万不要因为虚荣心作怪，就处处和别人攀比，搅乱自己的生活。每个人的生活都甘苦自知，盲目跟随别人的脚步绝对要不得。

心理小贴士

1.虚荣心是人生的桎梏，只有挣脱虚荣心的捆绑，我们才能更好地面对生活，轻松自如。

2.真正自信的人不会和别人比较自己的生活，毕竟，每个人对于生活的感受都是独特的，无法相提并论的。

3.要想摆脱虚荣心的桎梏，我们还要学会控制欲望。只有降低欲望，对生活感到满足，才不会盲目攀比。

整合资源，合作共赢

现代社会，凡事都讲究合作。所谓合作，就是集合他人或者团队的力量，让所有人齐心协力，奔向共同的目标。从这句话中我们不难发现，要想合作，首先要有共同的目标。的确，共同的目标是合作的基础。试想，假如一个团队中每个人都有着各自的目标，而没有共同的利益，那么合作也就无从谈起。很多人身上都还有着个人英雄主义的观念，他们觉得可以凭借一己之力获得成功。然而，当处处碰壁，发现自己胳膊拧不过大腿的时候，他们才恍然大悟：一个人即使能力再强，也必须依托团队的力量。尤其是在现代的职场上，每个人都必须依靠同事间的配合，才能更加快速地成长、成熟。其实，合作意识早就被提出了，民间所说的，一个好汉三个帮，一个篱笆三个桩，说的就是这个道理。

东汉末年时期，即使是能掐会算的诸葛亮，智慧也比不过三个臭皮匠。由此可见，集体的力量远远胜于个人。古人云，智者千虑，必有一失；愚者千虑，必有一得。一个人即使思虑再深，也不可能把问题的方方面面考虑得滴水不漏。而再怎么愚笨的人，如果深思熟虑，也会想出一个不错的主意。这样一来，如果整个团队都是愚者，那么只要集合团队的力量，也比一个人的智慧高强很多。在处处讲究合作才能共赢的今天，不管你是代表一个团队，还是代表一家企业，或者只代表自己，都要拥有合作意识，主动积极地寻求合作的机会。当你作为个人与团队其他成员合作的时候。千万要摒弃一切个人英雄主义的思想。如果说团队是个严丝合缝的水桶，那么每个人，即使是毫不起眼的人，也都是这块木桶的一分子。缺少任何一块木板，都会影响整只木桶的容量。在与团队成员合作的时候，我们必须心怀整个团队的利益，以大局为重，不要处处计较个人的利益。就像我们的祖国遭遇外敌入侵的时候，所有的中国人都齐心协力抵抗侵略一样，没有大家，哪里来的小家呢？在团队合作中，我们还要磨平自己的棱角，这样才能合作融洽。每个人都有自己的个性，但是团队合作并不是讲求个性的地方。所有团队成员必须万众一心，有足够的默契和信任，才能争取团队利益最大化。要想做到这一切，我们必须牢固树立一个观念——合作才能共赢。别说我们小小的个人，即使是很多世界知名企业之间，也都开始大力合作。用别人的长板补足自己的短板，也许你的短板对对方来说恰恰是长板，如此一来，皆大欢喜。何乐而不为呢？现代社会，一切企业和个人的发展，都不再是拼得你死我活的时代，而是进入了合作共赢的时代，这是大势所趋。

刚刚从象牙塔里出来，杜威觉得自己简直就是无所不能的神。这都是因为大学时代的理想，让他觉得自己经过几年的寒窗苦读，一定比单位里那些经验丰富、学历不高的老员工高明许多。然而，事实证明，他处处碰壁，虽然肚子里都是大学时代掌握的知识，却遗憾地发现理论知识和现实实践相差甚远。

有一次，心高气傲的杜威主动申请负责公司远在昆明的项目。也许是觉得年轻人需要历练吧，也许是重视杜威的研究生学历，领导居然真的把这个项目交给他负责了。杜威意气风发地走马上任，自以为是项目的领导。然而，在实际操作过程中，杜威犯了极其严重的错误，导致整个项目都面临停工的危险。这下子，自以为是的杜威慌了手脚，赶紧打电话向北京总公司求救。他把问题说得很严重，不承想，公司领导却轻描淡写地说："没关系，我把程工派去帮你。""程工？"杜威脑海中马上浮现出程工的模样。程工已经四十多岁了，是个非常沉默寡言的人。每次开会，他从不发言，让人几乎忽略了他的存在。"程工能行吗？"杜威很怀疑程工的能力。领导却斩钉截铁地说："只要你和他合作，取长补短，你们肯定没问题。"在忐忑不安中，杜威终于迎来了程工的到来。说心里话，他并不认为程工能解决问题。在仔细研究项目之后，程工轻而易举地找到了杜威的错误，并且给出了切实可行的解决方案。如此一来，杜威对程工佩服得五体投地。他设宴为程工庆功，程工却不以为然地说："你的项目做得很好，毕竟你是年轻人，有现代化的观念。你错的地方只是因为经验不足，这样的事情我经历过很多次了。"至此，杜威才明白领导为何让他与程工好好合作。在杜威和程工的通力合作下，项目很快就顺利完成了。回到公司之后，杜威就像变了一个人，再也不妄自尊大，自以为是了。对于公司里很多老工程师，虽然学历没有他高，他却毕恭毕敬地向他们学习经验，弥补自己的经验不足。

每个人都有自己的长处和短处，不但工作如此，生活中也是如此。在上述事例中，如果杜威不能虚心向程工请教，让程工用丰富的经验帮助他解决难题，如果只靠自己摸索，也许还需要漫长的时间。在工作中，每个人都应该取长补短，这样才能互为促进。举个最简单的生活中的例子，在一个家庭中，也许妈妈很擅长做美食，那么爸爸就会负责洗碗、拖地、洗衣服。要想维持家庭生活的正常运转，爸爸妈妈就要在工作之余分工合作，这样才能顺利做完家务。也有可能，爸爸擅长拖地，那么妈妈就会负责洗衣服，这是同样的道理。

合作才能共赢的意识，不但应该为企业所用，也应该为每个人所用。大到国家大事，小到家庭生活中的琐事，都必须努力协调，取长补短，才能得到更好的解决和发展。生活中的人们，你做好合作的准备了吗？赶快张开双臂拥抱你的合作伙伴吧！

心理小贴士

1.一根筷子被折断，十根筷子抱成团。只有合作，才能共赢。

2.合作过程中，必须以大局为重，舍弃小我的利益。只有大家好，才能小家好，这是浅显易懂的道理。

3.集体的力量是不可估量的，只有拥有共同的目标，才能万众一心，齐心协力。

付出就不要在心里念着回报

生活中，很多人都愿意付出，因为给予是比索取更快乐的。然而，很多人付出之后都并不快乐，究其原因，是因为计较。从人的本性上来说，很多人在付出之后，都希望得到相应的回报。这种回报，或者是物质上的，或者是精神上的，有的时候，仅仅要求是语言上的。就像在拥挤的北京，每当上下班高峰期的时候，地铁上一座难求。很多好心人会把座位让给站着的老人、孩子或者体弱病残者。然而，有些人在得到座位之后，理直气壮地开始享受这份安逸，根本就没有意识到或者彻底忘记了自己应该表达谢意。如此一来，让座的人怎么会高兴呢？结果就是，他们好心好意地让座之后，非但没有得到感谢，反倒因此气愤不已。如果不奢求别人的感谢呢？你让座，是因为你觉得自己应该让座，你心地善良，不能眼睁睁看着需要座位的人站在自己身旁。所以，你让座，得到了心安理得。如此想来，为何还要纠结得到帮助的人是否说谢谢呢？这样的纠结不会对别人造成任何影响，只会让你心生不悦。真正地付出，是心甘情愿地付出，在付出的同时自己已经得到了心安。所以，真正的付出是不求回报的。

英国有句谚语，赠人玫瑰，手有余香。很多时候，善念的传达并非是简单的对等关系，真正的大爱是陌生人之间的传承。我帮助了你，你帮助了他，他又帮助了她，这样世界才会充满爱。很多时候，一点点微不足道的付出，就能温暖他人的心灵，何乐而不为呢？生活中没有那么多轰轰烈烈的大事，我们作为普通人，能做的就是一些力所能及的小事。人是群居的，每个人都必须在人群中生活、工作，没有人能够完全做到独立世外。所以，或早或晚，我们会因为蝴蝶效应感受到他人对我们好意的回馈。退一步来说，当你把玫瑰送出去的时候，你的手上还留有玫瑰的香气，那还奢求什么呢？感恩和爱，是人类应该代代相传的美好品质。

或者，生活从来都是一件艰难的事情。人们在感受生活的喜悦时，也在被动地接受生活的磨难。当我们尝尽人生的艰辛时，我们不应该变得吝啬，而应该变得慷慨。对于那些现在和你曾经一样在遭受生活磨难的人，你一点点的帮助，就会让他燃起生的希望和勇气。人与人之间，原本就应该相互帮助，彼此扶持。也许，现在的你已经意识到应该手背向上，施予别人。这只是做出了第一步。要想得到付出的快乐，你还应该学会付出，但不索求回报。在付出的时候，你已经享受到心灵的满足和愉悦，这就是命运赐予你的最大回报。只要拥有一颗不计较的心，拥有开阔的胸怀，你的人生必定能够与快乐相伴。

从前，有个小男孩自幼就失去父母，和爷爷奶奶相依为命，在小镇上过着贫穷的生活。爷爷奶奶年纪很大，已经失去了劳动能力，根本不可能工作挣钱，以便供男孩读书。小男孩很想读书，为了挣钱，每当其他孩子在假期里无忧无虑地玩耍时，他必须顶着寒风，去推销商品。每推销一件商品，他就能得到微薄的回报，正是依靠这点儿可怜的薪水，他才能继续读书。当春节快要到来的时候，气温已经降到最低。鹅毛大雪纷纷飘落下来，小男孩已经推销了一整天，但是却没有卖出任何商品。他又冷又饿，浑身都没有力气。走着走着，他来到了一户人家。他觉得自己快要冻僵了，因此鼓起勇气敲门，想讨一口热水喝。

不久，门打开了，小男孩看到一个非常美丽的女孩。这时，男孩用冻得僵硬的嘴巴小声说道："您好，女士，我想要一杯热水，可以吗？"女孩看着男孩，感受到他身上的寒冷，友好地说："你稍等。"说完，女孩转身走回屋子里。一会儿之后，女孩回来了。出乎男孩的意料，她端的不是水，而是满满一大杯热牛奶。饥饿的男孩舍不得一口气把牛奶喝完，他一小口一小口地吸收着牛奶的热量，感受牛奶的温度。喝完牛奶，他知道自己浑身上下都没有钱，因此羞愧地问："请问，这杯牛奶多少钱？我会付您钱的。"女孩给了男孩一个温暖的笑容，和气地说："这杯牛奶不要钱。"男孩冲着女孩连声感谢，他不再觉得寒冷，浑身都充满了这杯牛奶赐予他的力量。

许多年过去了，男孩不但凭借顽强的毅力读完了大学，现在还成为了一名治病救人的医生。他医术高明，心地善良，让很多病人在他手底下起死回生。一天，他正在翻看病例，突然看到有个病人来自他的家乡。鬼使神差般的，他想起了若干年前帮助他的女孩，想起了那杯在他心中至今依然充满力量的牛奶。他不顾一切地冲到病房，看到一名女士虚弱地躺在病床上。她正是当年帮助他的女孩，因为身患疾病，来到这座城市求医。他马上帮助女孩制订了最佳治疗方案，一段时间之后，女孩痊愈了。然而，在接到护士送来的住院缴费单时，她不由得愁容满面。当打开缴费单时，她意外地看到："一杯牛奶。霍华德·凯利医生。"

在帮助男孩的时候，女孩从未想到索求回报。然而，命运就是如此神奇，让她在生命的低谷与男孩重逢。虽然只是一杯牛奶，但是这么多年在男孩心中，也许正是这一杯热牛奶的力量，才支撑着他走过人生的寒冬，变成一个大名鼎鼎的医生，造福于无数人。男孩一定万分庆幸，命运安排他和女孩在医院相遇。这就是善的力量。

付出，要想收回快乐，就不要奢求回报。只有不求回报的付出，才能让我们得到付出的快乐。人和人之间，并非只是简单的对等关系。即使没有回报，人们依然乐于付出，这才是真正的大爱。

心理小贴士

1.赠人玫瑰，手有余香，真正的付出是不求回报的。

2.爱与爱的传承不是完全的对等关系，也许，我们不经意的付出，就会得到意外的回报。即使没有回报，付出的欣喜和满足也足以使我们快乐。

3.你的小小善念，也许就会成为他人心中温暖的源泉。所以，不要吝啬给予别人帮助，这也许对他的一生都很重要。

宽容，让你拥有好人缘

作为群居动物，人们在一起相处的时候，难免会发生各种各样的小摩擦，甚至是矛盾和争执。其实，别说是原本陌生的人们相处时会磕磕绊绊，即使是和亲手养育我们长大的父母、与我们小时候钻过一个被窝的兄弟手足之间，也同样会有磕磕绊绊。既然如此，我们就要学会宽容。宽容，不但让我们更加善待他人，其实也是宽宥了自己。很多人都是小心眼，在生活和工作中动辄就要小脾气，指责他人。这样一来，不但别人觉得别扭和愤懑，自己也会因此郁郁寡欢。学会宽容，能够让我们在宽以待人的同时，也使自己始终保持平静愉悦的心情。当你对别人指手画脚、愤愤不平的时候，不如想想自己的牙齿和舌头。唇齿相依，这是每个人都明白的道理。然而，即便如此，牙齿和舌头也还是会不小心磕碰到对方，尤其是牙齿，咬到舌头和嘴唇是常有的事情。这可怎么办呢？只能彼此包容，继续美好的生活。在人与人彼此之间的关系中，哪怕是陌生人之间，也是这样相互依存的关系。人们常说，人心比天空更高远，比海洋更辽阔。其实，还有的人心比针尖更小。这一切，都取决于我们的心态。面对生活中的艰难困苦，面对人与人之间的小小摩擦，如果我们能够放开胸怀，不再斤斤计较，那么就会帮助自己得到更多快乐。与此相反，假如我们小肚鸡肠，不愿意原谅别人任何错误，那么，我们的生活每天都不会得到纯粹的快乐。要知道，人与人之间的矛盾是无法避免的。

在现代的社会生活中，一个人要想走向成功，不但要有学识有能力，有胆识有气魄，也要有良好的人际关系。没有人能仅仅凭借自己的力量就获得成功，更没有人能够离群索居。既然如此，我们就必须学会与人相处。宽容的心，让我们能够包容他人的无心过失，也能够原谅他人的错误选择。这一切，都拓宽了我们的人生道路。如果能够做到以德报怨，那就更能够得到人的真心敬佩。人世间，最可贵的是什么？不是金钱，也不是物质，更不是权力，而是人与人之间的真心和真情。

想想吧，你的朋友、同事都来自五湖四海，你们家乡的民俗完全不同，你们的生活经历和教育背景也不相同，这就导致你们的人生观、价值观大相迥异。前文说过，牙齿还会咬到和它相互依存的舌头和嘴唇呢，更何况陌生人之间呢？除了因为不同导致的摩擦之外，人们之间也有利益的纷争。每个人都希望自己获得最大的利益，都希望自己能够出人头地，然而这不是最重要的。拥有宽容之心的人，除了不和他人斤斤计较之外，还能够设身处地地站在他人的角度思考问题。人性是有弱点的，每个人在思考的时候都会首先站在自己的立场上。假如人人都为了一己之利争执不休，矛盾怎么能不爆发呢？相反，如果我们在考虑问题的时候能够设身处地地为他人着想，试想如果自己处在他人的立场，会怎么做。这样一来，我们就能理解他人的做法，自然矛盾也就会减弱许多。

曾经有位名人说过，生气是用别人的错误惩罚自己。和很多不相干的人，我们都没有必要生气。如果你恨一个人，那么你应该学会遗忘。当你真正地忘记他或者即使想起他也能做到心平气和，那么你就消除了他施在你身上的魔咒——你不再用他的错误惩罚自己。从这个角度来说，即使不是为了好人缘，而是为了自己身体健康，我们也应该心平气和，宽以待人，让自己始终与快乐相伴！

在渑池之会上，蔺相如凭借聪明才智，保全了和氏璧，官居高位。不承想，大将军廉颇对此很懊恼。他愤愤不平地说："我是大名鼎鼎的的将军，为了国家出生入死。他蔺相如仅仅凭借三寸不烂之舌，居然官位比我还高。这对我来说简直是奇耻大辱，我咽不下这口气！"为此，廉颇四处扬言："只要见到蔺相如，我一定会狠狠地羞辱他。"这些话传到蔺相如的耳朵里，蔺相如开始称病不上朝，以此避免和廉颇碰面。在日常生活中，蔺相如也会尽量避免和廉颇见面。有一次，蔺相如正准备出门，远远地看到廉颇的马车驶了过来，便赶紧让仆人调转车头，回避廉颇。这件事让蔺相如的诸多门客都心生不满。他们一起拜见蔺相如，生气地说："我们背井离乡，投奔到您这里，就是因为仰慕您的大名，知道您有着高风亮节。现在，您的官位明明在廉颇之上，他又几次三番要羞辱您，您为什么这么害怕呢？您的害怕，根本不符合您高贵的身份，让我们都觉得丢脸。我们都不想再跟随您了，您就让我们离开吧！"看到门客们纷纷请辞，蔺相如极尽挽留。

他苦口婆心地说："诸位，你们认为，廉将军比秦王更加可怕吗？"门客们纷纷摇头，异口同声地说："廉将军再厉害，也没有秦王可怕。"蔺相如继续说："那么，我在朝廷上都敢公然呵斥秦王，羞辱他的大臣，难道我是胆小鼠辈吗？我现在之所以看到廉将军就绕道而行，是因为两虎相争，必然让虎视眈眈的秦国觉得有机可乘。你们知道秦国为什么不敢攻打赵国？就是因为有我和廉将军在啊！我不能为了私人恩怨，就置国家的安危于不顾。"蔺相如的话句句合情入理，让门客们心服口服。

得知蔺相如的苦心之后，廉颇思来想去，觉得自己目光短浅，处处逼迫蔺相如，实在是不应该。意识到错误的廉颇，脱下威严的战袍，光着上身，背起一大捆荆条，特意来到蔺相如家里请罪。看到廉颇如此诚心地道歉，蔺相如赶紧把他迎入屋内，为他解下荆条。从此之后，廉颇和蔺相如成了好朋友，精诚合作，为保卫赵国齐心协力。

在历史典故“负荆请罪”中，蔺相如的胸襟和气度让人油然生敬。假如他也和廉颇一样纠结于官位高低，那么二虎相争，秦国一定会趁着赵国内部不和，趁机打赵国的主意。

在现实生活中，我们一定要心胸开阔，宽容待人。只有这样，我们才能像蔺相如一样，获得别人的真心敬佩。每个人活着都很艰难，不管什么时候，人们做事情都是有苦衷的。为了结交更多的朋友，也化解更多的敌人，我们只能宽容。宽容，不但是对别人的宽容，也是对我们自己的宽容。只有生活在和谐融洽的环境中，我们才能真正感受到快乐！

心理小贴士

1.宽容，是一种高尚的品质，只有心灵高贵的人，才会拥有这样的品质。

2.宽容地对待别人，自己少生闲气，这样才能帮助我们得到更多的快乐。

3.如果人人都有蔺相如的胸襟和气魄，那么，世界就会更加和平安乐，战争就会远离我们的生活。

第 11 章

勇敢面对现实，人生没有过不去的坎

在一生之中，每个人都要经历很多事情。这些事情或者是喜事，让我们高兴不已，或者是悲伤，让我们垂头丧气。不管是惊喜还是惊吓，我们都只能坦然面对，因为我们无处可逃。一旦从内心深处明白这个道理，在遇到人生变故或者突发状况的时候，我们就会淡然很多。毕竟，兵来将挡，水来土掩。一切，都要顺其自然。

远离愤怒，淡定是一种姿态

在生活中，我们常常会被一些事情激怒，甚至气得我们七窍生烟。这个时候，你必须清醒。你要记住一位哲人说的话，愤怒距离危险仅仅一步之遥。这句话看似耸人听闻，其实很有道理。的确，我们常常无法控制自己的怒气，让自己的情绪肆意妄为，甚至做出丧失理智的事情。然而，事实却是，不会发怒的是愚蠢之人，不愿发怒的是明智之人。也许有人会说，怎么可能有人一点儿脾气都没有呢？没错，每个人都有脾气。然而，我们却要学会控制自己的脾气，避免因为过于愤怒给自己的身体健康和他人带来伤害。

人为什么要发怒呢？很多时候，人们对事情有着自己的期许，一旦事情的发展不能如愿，甚至完全朝着相反的方向，人们就会心生恼怒。很多望子成龙、望女成凤的家长朋友们，在教育孩子的时候呕心沥血，为了抚育孩子成才不惜付出一切代价。然而，当看到孩子贪玩或者不懂事的时候，他们心中的梦想瞬间破灭，就会在失去理智之余暴打孩子。这么多年来，因为家庭暴力导致孩子身心受到摧残，甚至是生命受到威胁的事情，时有发生。试想，最爱孩子的父母在盛怒之下都会丧失理智，更何况是普通人之间呢？很多原本感情深厚的邻居，因为发生小小的口角，冲动之余就拿起尖锐的刀子解决问题，结果两个家庭同时被毁灭，让人追悔莫及。这些悲惨的事情，都是愤怒惹的祸。在日常生活中，我们一则要学会控制自己的情绪，不要动辄就怒火中烧；二则要学会疏导情绪，不要等到负面情绪堆积如山的时候再如火山喷发般爆发出来。聪明人会自我开导，不要让自己被负面情绪压得喘不过气来。愤怒不但会伤害我们的身体健康，也会使我们的智力下降，所以人们才会在愤怒的情况下做出很多愚蠢的事情。

不可否认的是，愤怒有的时候的确能够震慑他人。然而，愤怒却不能使他人心服口服。就像父母教育子女，如果气冲冲地对待子女，子女也许的确是因为一时害怕而妥协。然而，凡事都要治本，不能仅仅治标。孩子暂时的驯服也许只是看到了和家长力量的悬殊，并没有真正想明白其中的道理。与其冲着孩子发火，不如心平气和地给孩子讲道理，这样才能起到切实长久的教育作用。在工作中，不管你是普通员工，还是领导，都要控制自己的情绪。因为你任何因为情绪失控做出的冲动之举，都会带来严重的后果，甚至让你追悔莫及。总而言之，愤怒有很多坏处，却没有任何好处。曾经有科学家研究发现，在愤怒的情况下，人的身体会分泌出大量的毒素，心脏泵出的血液也会大量增多，给身体带来沉重的负担。与其等到气大伤身之后再后悔，不如从现在开始就驾驭情绪，让自己变得心平气和。

从前，有个男孩脾气特别暴躁，有任何一点点不如意，他都会马上火冒三丈。有一天，父亲交给他一包螺丝钉，让他每次发脾气之后，都用铁锤和螺丝刀，把钉子牢固地钉到墙壁的木板上。男孩不知道父亲是何用意，就照做了。让他感到惊讶的是，在短短的一个星期时间里，他就钉了十几根钉子在木板上，原本光滑平整的木板，被钉得坑坑洼洼，惨不忍睹。看到木板有损美观，男孩向父亲申请把钉子拔掉。父亲同意了他的请求。让男孩感到惊讶的是，拔掉钉子并不比钉上钉子更加容易。为了拔掉这十几颗钉子，他花费了整整一个下午的时间。然而，钉子拔下来之后，木板显得更加惨不忍睹，因为有很多痕迹。看着木板，男孩郁郁寡欢。这时，父亲说："孩子，你每次发脾气，都像是往别人和自己的心上钉钉子。你看看，钉子钉上去之后是很难看的，拔下来不但要花费很多的时间和精力，还会留下更加丑陋的伤痕。如果你能控制自己的脾气，这块木板就不会这么千疮百孔。"听了父亲的话，男孩恍然大悟。从此之后，他总是有意识地控制自己的怒气，不让自己歇斯底里地发狂。一段时间之后，他发脾气的次数果然减少了很多。

很久以前，有个贵妇特别乐善好施，对每个穷人都慷慨大方。她在镇子上名声很好，人们都称呼她为“善良的罗德夫人”。有个女仆专门侍奉罗德夫人的饮食起居，她们主仆之间相处得很好。有一天，女仆突然灵机一动，想要验证罗德夫人是否真的不管发生什么事情，都笑眯眯的。第二天，女仆睡到日上三竿才起床，任凭罗德夫人喊破嗓门，她都装作没听见。如此接连三天，罗德夫人把女仆狠狠地揍了一顿，赶出家门。从此之后，罗德夫人的好名声消失不见了，人们都说她的好心都是装出来的。

在第一个事例中，男孩的父亲非常聪明，用形象的办法让孩子知道，每次发脾气都会在他人心上留下难以磨平的伤害。在第二个事例中，罗德夫人的伪善被女仆轻而易举地就揭穿了。愤怒，往往会出卖我们的灵魂。

其实，只要你愿意，愤怒是可以控制的。和诸多情绪一样，愤怒也属于情绪的一种。只要我们在遇到事情的时候能够冷静地思考几分钟，就不至于让自己的怒气如火山喷发般爆发出来。愤怒，是一把双刃剑，不但伤害了别人，也伤害了自己。生活中的人们，你们只有控制好自己的情绪，才能享受云淡风轻的人生。

心理小贴士

1.愤怒是一种非常消极的情绪，很多时候，只有无能为力的人才会暴怒。

2.愤怒是一把双刃剑，既伤害自己，也伤害别人。不管什么情况下，都少用为妙。

3.愤怒很多时候是无能的体现，但凡有办法，人们不会让愤怒把自己变成一个愚蠢的傻瓜。

勇敢地和陌生人交流并发现快乐

在日常生活中，我们除了和熟悉的人交流之外，还会由于种种原因不得不和陌生人交流。这些陌生人或者是医生，或者是合作伙伴，或者是路人，甚至是超市的收银员。总而言之，只要我们作为社会的一员，几乎每天都要若干次和陌生人交流。只是极少数人在陌生人面前能够放松自己，做到随意轻松。大多数人在和陌生人交流的时候，尤其是当陌生人是你素未谋面的上司或者很重要的客户，你的心里一定会莫名其妙地紧张不安，甚至说起话来也会磕磕巴巴，感到非常拘谨。那么，我们不如反省自己：为什么在和熟悉的人说话的时候那么轻松随意、妙语如珠呢？这是因为我们很熟悉他们，知道他们的脾气秉性，也知道他们的喜好。如此一来，我们自然就会心中有底。简而言之，和陌生人交流的时候之所以紧张不安，就是因为“陌生”。我们完全不了解他们，不知道哪句话就会使他感到愤怒。由此一来，我们自然心中忐忑，不知如何是好。当我们置身于很多陌生人之间时，我们甚至会觉得恐惧。这一切，都是因为未知。由此可见，要想避免在面对陌生人的时候非常紧张，首先要了解他们。也许有人会说，既然是陌生人，我们哪里有时间和机会了解他们呢？殊不知，陌生人也分为两种。一种是我们随机遇到的陌生人，这种陌生人通常对我们的生活和工作没那么重要，只要彬彬有礼地对待即可。还有一种陌生人是我们事先知道要见面的陌生人，这种人往往对我们的生活和工作有重要影响，或者是长辈，或者是公司领导。我们与他们的见面往往是事先计划好的，因此，只要有心，我们完全可以多多了解他们的性格、喜好，做到有备无患。

在面对陌生人的时候，首先我们要消除功利心理，不管他们多么有钱有势，或者是多么位高权重，我们只需要本着真诚的原则，友善地对待他即可。此外，我们心里不能抵触对方，而要把对方当成自己的老朋友。例如，一个职员突然之间遇到了公司老板，虽然老板不认识他，但是他却认识老板，那么最好的方法就是自然地打招呼。再如，一个女孩第一次跟随男朋友去见父母，那么在进入男朋友家中之后，可以留心观察，看看未来的公婆有什么特殊的喜好。一旦做到投其所好，交往就会变得更加融洽。当置身于陌生的人群中时，例如你去参加一个聚会，聚会的人彼此都很陌生。那么，你应该拿出热情和真诚，主动和其他人攀谈，进行友好的沟通。如此一来，你们肯定很快就会熟稔，大家也会因为你的主动示好而欢迎你，接纳你。

其次，和陌生人交流的时候，要多多留心。要知道，相比与老朋友交谈的轻松惬意，在初次与陌生人交谈的时候，你应该更加用心，说话也要有所选择。只有仔细聆听，你才能尽快了解对方，从而与对方更加愉快地交流。不管是对方的眼神，还是肢体语言，只要你认真观察，一定能够从中获得很多的信息，帮助你在短时间内了解对方的脾气秉性，促进交往。此外，需要注意的是，在与陌生人交流的时候，本着礼貌的原则，你应该主动介绍自己。没有人愿意和一个来路不明的人交谈，你只有清楚地介绍自己，才能给对方留下好感。同时，这也是尊重对方的表现。其实，和陌生人交流并没有我们想象中的那么困难。任何人际之间的交往，都要本着真诚友善为原则。做到了这一点，你就能叩开对方的心扉，让对方接纳你。至于彼此之间是否能够交往更深，则要看双方的脾气秉性是否相投，换言之，这是缘分才能说了算的，不能强求。

在去南京大学报名的火车上，丽萍百无聊赖。她家在遥远的新疆，到南京需要坐几十个小时的火车。正值开学季节，丽萍的上床恰巧也是一名准大学生。显而易见，他有出远门的经验，带了好几本书呢！看着他的书，丽萍垂涎三尺：要是有本书看，无聊的时间就好打发多了。

思来想去，丽萍决定主动出击，和他搭讪。丽萍问："同学，看你的样子，也是开学报到的？"男孩笑了笑，说："是的，我去南京。"听说去南京，丽萍马上找到了共同话题。她兴致勃勃地说："我也是去南京。我考上了南京大学，不过，这是我第一次来南京。"男孩显然也对丽萍很感兴趣，说："你真勇敢，我第一次去南京还是爸爸送的呢！我在南京师范大学读书，咱们两个学校离得不远。"丽萍又问："南京有什么好玩的地方吗？我家是吐鲁番的，这是我第一次去江南的城市，一定很漂亮吧！"就这样，男孩放下书本，开始以学长的身份向丽萍介绍南京的风土人情、著名景点。后来，男孩不但主动把书借给丽萍看，还主动请缨，说等开学之后的十一长假，要当导游带着丽萍四处游玩。下车之后，他们互相留下了手机号码。

这个事例中，丽萍在得知男孩也去南京之后，马上就找到了他们彼此之间的共同话题。又因为男孩早一年来到南京，所以理所当然地作为丽萍的学长，热心地为丽萍介绍南京的美丽景色和风土人情。如此一来，他们的关系就更亲近了。在男孩成为丽萍的导游之后，也许他们之间的友谊会更上一层楼。没错，和陌生人打交道，有时候就是这么简单！

生活中的人们，现代社会是一个开放的社会，人们的各种观念和思想也应该开放。我们不应该像套中人一样生活，而应该努力张开怀抱，拥抱美好的世界。生活中的确有坏人的存在，但是只要我们有足够的防范意识，再睁大眼睛辨识，一定能够识别好坏，拓宽自己的人际圈子。

心理小贴士

1.别和陌生人说话，已经不适合现代社会的人际关系特点。人们不仅仅在自己熟悉的圈内生活，也在抓住各种机会拓宽自己的人际交往圈。

2.人脉，就是资本。只有拥有好人缘，你才能更好地发展自己的事业，丰富自己的生活。

3.和陌生人说话，一定要真诚友善，这是人际交往的基本原则。

女孩不是老虎，你也不是病猫

在现实生活中，相当一部分男性在面对女性的时候，会觉得很羞涩。现代社会上，阴盛阳衰的情况越来越严重，所以很多女性在爱情的道路上特别勇敢，反而男性更加保守和优柔寡断。尤其是年纪小一些的大男孩，则显得更加羞涩。当面对女孩的时候，如果是喜欢的女孩，他们就会更加满面通红，甚至说话都结巴起来。这不由得让人想起一首歌“女人是老虎”。其实，女孩真的不是老虎，男孩也不应该像病猫一样。

自古以来，传统观念都认为男性是阳刚的象征，女性是阴柔的象征。然而，随着社会的开放，各种思想观念也有了较大的改变。如今，女性翻身做主人，与男人平分秋色，再也不是唯唯诺诺的家庭主妇。男人呢？由于从幼儿园开始，就与女性教师接触。到了小学阶段，男性教师也比较少。再加上，很多家庭都由妈妈承担照顾孩子的重任，这就导致男孩们的性格越来越受到女性的影响，变得更加女性化。这让很多女孩在寻求人生伴侣的时候，首先提出的要求就是男人一定要有阳刚之气，坚决拒绝娘炮。即便如此，真正的“高仓健”也越来越少。

男性朋友们，当你们面对女性的时候，有何面红耳赤的呢？首先，现代社会提倡男女平等，女性不再向古代社会一样不能见到自家以外的男性。当女性落落大方地面对你，你还有何好害羞的呢？你尽可以大胆欣赏女性的外在美，也可以通过深入交往了解女性的内在美。其次，女性并不是母老虎。虽然很多女性现在都走上职场，与男性一样平起平坐，但是，归根结底，女性还是有着女人本质的特征和情感特点。如果你需要的是人生的伴侣，不管对方是职业女性还是女强人，在你面前都只是小鸟依人的女人而已。你无须在乎她拥有多少金钱权势，两性关系只有回归本质，才会变得更加美好。在女人面前，男性应该有足够的自信。从力量上来说，女人远远不如男人；从性格上来说，男人也应该更加刚强。没有女人会喜欢一个依靠自己的男人，相反，再强势的女人也希望自己的男人可以依靠。如此想来，只有你从内心变得强大起来，才能得到女人的青睐。

张坤与乔羽是从小两小无猜的好朋友。其实，张坤一直暗暗地喜欢乔羽，但是他从来不敢表达。小的时候，他们俩好得如同一个人。然而，大学毕业之后，乔羽进入一家世界五百强的大公司工作，很快就凭借能力平步青云。张坤呢，只是一名不起眼的小学老师，虽然工作稳定，却和白领沾不上任何关系。

就这样，张坤越来越自卑，觉得自己配不上乔羽。有的时候见了乔羽，他匆匆忙忙说几句话就要逃开，要不然就会面红耳赤，恨不得找个地洞钻进去。

乔羽的确找了个非常出色的老公，是她的顶头上司。如此珠联璧合的一对人儿，让大家都送上了真诚的祝福。然而，世事无常，造化弄人。没过几年，乔羽的老公就爱上了一个更加年轻漂亮的同事，与乔羽离婚了。离婚之后，乔羽辞掉工作，自己开了一家公司。她特意聘请张坤当她的助理，帮助她打理公司事务。时至今日，张坤依然爱着乔羽，就辞去老师的工作，来帮乔羽。一年，两年，三年过去了……张坤依然默默陪伴在乔羽身边，从来不表达自己深深的爱意。一个圣诞节，乔羽请张坤吃西餐。那天晚上，乔羽喝醉了，怒骂张坤："我是老虎吗？我会吃了你吗？你为什么从来不敢说出你的心里话，我等你等得好苦啊！"至此，张坤才知道，原来乔羽一直爱着他。他嗫嚅着说："我配不上你，以前你是高级白领，现在你是大老板。我只是个教书匠，打工仔。"乔羽生气地把酒泼到张坤的脸上，说："我需要的是一个爱我的男人，不是一个领导！"圣诞节之后，张坤与乔羽确立了恋爱关系，他们彼此约定："把工作和私人生活分开，在单位，乔羽是领导，在家里，张坤是一家之主。"

如果张坤能够鼓起勇气早些表白，也许乔羽就不会在爱情上走这么多弯路。很多人还像张坤一样抱着传统思想，觉得男人就应该比女人职位更高，挣更多的钱。其实，现代社会男女平等，男人和女人的相爱应该以爱情为基础，而不应该以金钱权势达到平衡。只要两个人相爱，家庭分工完全可以和传统的男主外女主外颠倒过来。现在很多观念开放的家庭，男性会辞职在家带孩子，女性负责挣钱养家，这都是屡见不鲜的事情。

男人们，在自己心爱的女人面前展示男子汉的气概吧。你们一定要记住：爱情无关乎一切！而且，男人们也应该改变自己的性格，让自己更加具有男性的阳刚之气，这样的男人才能受到女人的追捧！

1.很多女人外表刚强，但是在自己心爱的男人面前，她们马上就会变得小鸟依人。

2.男人们，当你真正征服一个女人，她一定会放下高贵的身份，把自己变得像所有卑微的女人一样，簇拥在所爱的人身边。

3.女人不是老虎，如果在你面前是老虎，只是因为你还没有打动她的心。

矛盾永远存在，学会淡然面对

很多人都害怕自己陷入矛盾之中，的确，每个人都喜欢在和谐融洽的环境中生活和工作。一旦发生矛盾，就会让我们陷入流言蜚语的中心，甚至还会牵扯我们很多的精力去解决矛盾。尤其是当被流言蜚语纠缠的时候，那些莫须有的罪名更是让我们伤透了脑筋。然而，无论我们多么讨厌这些事情，矛盾总是不期而至，搅乱我们的生活。这是无法避免的。

但丁曾经说过，走自己的路，让别人说去吧。同样的道理，做事情也应该但求问心无愧，不用过多在乎别人怎么想怎么说。关于人世间的一切，每个人心里都有自己的评判标准。例如，有些人觉得自己长得很漂亮，却是别人眼中的丑八怪；有些人觉得自己特别聪明，却是别人眼中的笨蛋。做事情也是如此，明明我们已经竭尽所能，却依然无法让身边的人统统都竖起大拇指。简而言之，一个人无论怎么努力，都不可能让所有人都满意，既然如此，我们为什么还做无用功呢？而且，我们也不可能讨得所有人的欢心。那么，就让不高兴的人自己生气去吧，我们只需要做好自己。

家婷大学毕业后，进入一家二手房经纪公司工作。她非常勤奋而又努力，想依靠自己的能力赚取事业的成功。事实的确如此，虽然她刚刚大学毕业，没有丰富的工作经验，但是却凭着真诚地为客户业主服务，居然在短短的三个月内，就成功地卖出两套房子。这使她非常兴奋。

然而，她的成功让她曾经的好朋友、现在的同事陶陶感到很妒忌。为此，从未卖出房子的陶陶甚至生气地不再理家婷。刚刚到单位报到的时候，她们合租了一套房子，睡在一张床上。现在，陶陶每天都冷眼对待家婷，让家婷觉得万分郁闷。为了缓和与陶陶的关系，家婷开单之后主动请陶陶吃饭，让陶陶想吃什么就点什么。她还主动承担了水电费，照顾陶陶收入没有她高。即便如此，陶陶依然对家婷冷眼相待。在卖出第三套房子的时候，家婷既高兴又担心。她说："我要开单了，心里很高兴。但是一想到陶陶的样子，我就高兴不起来了。"想到这里，她甚至想辞掉工作。一个偶然的机会，她把自己的烦恼告诉了师姐，师姐不以为然地说："这算什么事啊！你因为别人嫉妒你，你就放着好好的工作不干，辞职，这不是傻子才会干的事情嘛！等你到了新单位，如果还有人嫉妒你，你继续辞职吗？同事之间有竞争关系，总会有矛盾的。你必须正面对待。"在师姐的启发下，家婷意识到自己的确不能逃避，否则，就会永远逃避。她开诚布公地和陶陶认真地谈了谈，并且表示自己会竭尽所能地帮助陶陶。看到家婷如此真诚，陶陶也释然了。她说："家婷，我就是看到你工作有进展，自己却止步不前，所以很着急。放心吧，咱们还是好朋友！"

面对，帮助家婷解决了纠结她很长时间的问题。师姐说得很对，不管是在生活中还是在工作中，矛盾永远都会存在，而逃避不能从根本上解决问题。可以说，各种各样的矛盾会始终伴随我们的生活，如影随形。既然如此，只有坦然面对，才能彻底解决问题。

生活中有各种各样的苦恼，正是苦恼伴随快乐，我们才能拥有酸甜苦辣咸五味俱全的人生。只有坦然拥抱生活赐予我们的一切，我们才能成为生活的主人，主宰自己的命运。

心理小贴士

1.生活中永远都会伴随着矛盾，只有勇敢面对，才能从根本上解决问题。

2.生活总是百般滋味都有，我们在快乐的同时，也会有小小烦恼的纠缠。坦然面对吧，这就是生活。

3.没有人能逃避生活的矛盾，也没有人能让所有人感到满意，既然如此，做最真实的自己就好。

金钱不是你唯一的本钱

虽然人们常说，没有钱是万万不能的，金钱也依然不是万能的。金钱是什么？金钱的作用非常广泛，能帮我们买到宽敞明亮的房子，能帮我们买到豪华坚固的车子，能帮我们买到很多美味的食物和华丽的衣服，还能帮我们买到各种各样生活的必需品和保障品……然而，金钱买得到房子却买不来家；金钱买得到床却买不来安逸的睡眠；金钱买得了保险却买不到健康……金钱，有太多的无所不能，也有太多的无可奈何。要想拥有幸福的生活，仅仅拥有金钱是远远不够的。除了金钱，我们还需要家人的陪伴和爱人的支持，还需要良好的睡眠和健康的孩子，还需要真才实学和高超的技能……所以说，一个人的自信远远不只是金钱堆砌起来的，还需要拥有人生中很多其他必不可少的东西。反之，没有金钱也不必觉得自卑，因为金钱在每个人的生命中只是必不可少的材料之一。很多生命的材料，都比金钱更加重要。

当老者已经进入垂暮之年，再多的金钱对于他来说只是数字。天地虽宽，我们立足之地只需要几尺；豪宅虽大，睡眠只需要一张床的地方。如此想来，拥有再多的金钱，我们在生命面前也依然是弱小的。年轻人则不同，虽然贫穷，但是因为年轻，所以还有无数的可能性。林肯一生波折，人到中年才当上

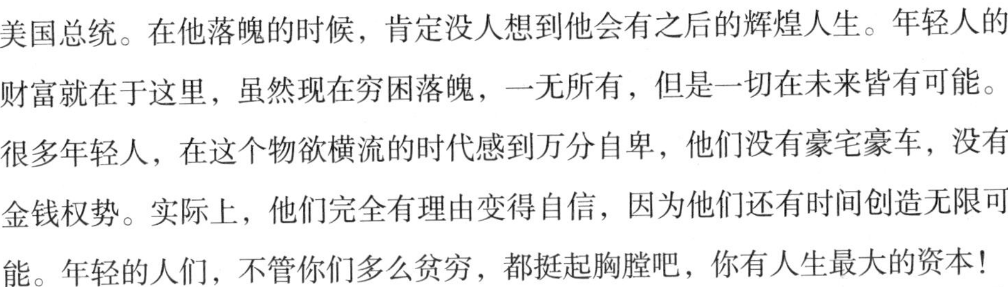

美国总统。在他落魄的时候，肯定没人想到他会有之后的辉煌人生。年轻人的财富就在于这里，虽然现在穷困落魄，一无所有，但是一切在未来皆有可能。很多年轻人，在这个物欲横流的时代感到万分自卑，他们没有豪宅豪车，没有金钱权势。实际上，他们完全有理由变得自信，因为他们还有时间创造无限可能。年轻的人们，不管你们多么贫穷，都挺起胸膛吧，你有人生最大的资本！

晋代时期，车胤出生在一个贫穷的人家。他的家里实在太穷了，甚至连煤油灯都点不起。车胤从小就很爱学习，喜欢读书。白天，他还可以借助自然的光线读书。一到夜晚，家里一片漆黑，他就无法读书了。随着年龄渐渐长大，车胤白天需要和父亲一起下地干农活，白天可以用来读书的时间越来越少。一个夏天的夜晚，他站在院子里，借着微弱的月光费劲地读书。突然，他看到夜空中飞舞着很多萤火虫。他脑中灵光一闪：萤火虫的光虽然很微弱，但是如果把很多萤火虫集中到一起，光就会变得明亮。想到这里，他赶紧回家找出一个白绢口袋，然后抓了很多只萤火虫放在里面。就这样，萤火虫变成了他的灯。每当有萤火虫出没的季节，他总是会抓很多萤火虫，借着萤火虫的光读书。凭着勤奋和努力，车胤虽然家境一贫如洗，却最终官至高位。

晋朝时期的孙康也家境贫寒，没有钱买煤油点灯。每到夜晚，他们一家人早早就睡觉了，因为黑咕隆咚的什么也看不见。看着夜晚的时间都被白白浪费掉了，孙康非常心疼。一天夜里，孙康半夜醒来，突然感觉从窗户外面透过一丝丝光线。他很惊奇，不知道窗外是什么在发光。他披上衣服，走出屋外，惊讶地发现原来外面下雪了，从窗户缝隙透进屋内的正是白莹莹的雪折射的光芒。他马上回到屋子里，穿好衣服，捧着书本又来到院子里。从此之后，每到下雪的日子，他就会彻夜不眠，借着雪光苦读。正是因为勤奋好学，不放过每一分每一秒的时间学习，孙康才能学有所成，成为为民效力的高官。

穷得连看书都没钱买煤油的车胤和孙康，都能学有所成，官至高位，更何况是我们呢？不管再怎么贫穷，我们还可以接受教育，坐在窗明几净的教室里读书。只要我们也有勤学的精神，就一定能够改变自己的命运。

还有很多年轻人已经学成工作，却因为父母不能提供有力的资金支持而怨声载道。和车胤与孙康相比，我们的生活条件不知道要好多少倍。因此，年轻的人们，从现在开始别再抱怨。与其抱怨，不如把抱怨的时间用来努力做些有意义的事情，这样才能尽早改变命运，走向成功！

心理小贴士

1.很多有钱人非常贫穷，因为他们没有亲人和朋友，没有精神的富足，他们反而还羡慕我们呢，我们身边有这么多可爱的人。

2.金钱，不是你唯一的本钱。你的勤奋、努力，你的坚持不懈，你的梦想……都是你的资本。

3.没有钱是万万不能的，我们要用双手去创造财富，但是有了钱也不是万能的，我们还需要很多其他人生的材料。

第12章

让自己足够强大，才是拥有终极安全感的密钥

从出生开始，我们作为弱小的婴儿，只能依靠父母的照顾生存。随着渐渐长大，我们的羽翼越来越丰满，我们开始融入社会，生存需要依靠朋友的情谊、同事的合作、爱人的扶持。然而，无论怎样，我们最强大的依靠都是自己。俗话说，靠山山会倒，靠人人会跑。虽然话糙，但是理不糙。归根结底，每个人最坚强的依靠就是自己。只要自己巍然屹立，那么任谁也无法把我们打败。也只有提升自身的能力，我们才能获得最终的安全感。

畏缩，只会让你显得更软弱可欺

在生活中，每个人都会遇到困难。是知难而退，还是迎难而上，这取决于每个人的性格，但是却毫无例外地影响人们的命运。有些人的性格非常刚强，即使遇到困难，也毫不畏缩，迎难而上。与之相反，有些人天性畏缩，不管遇到什么事情，只要有一点点困难，就会马上变得缩头缩脑。其实，人们并非总是同情弱者。因为人的劣根性，很多人在人际相处的过程中，会敬畏强者，而欺凌弱者。想到这里，聪明的读者朋友当然知道是什么意思。软弱可欺，并非只是一句书面语，而在现实生活中也频繁发生。聪明人不会给别有用心、居心叵测的人留下可乘之机，相反，他们会让自己变得更加坚强，以便增强自己的实力，让其他人知难而退。

也许有人会说，善良总是会有好报的。不得不说，我们可以善良，但是也要牢记民间的一句话，人善被人欺，马善被人骑。无可否认，善良的心让我们的人生变得纯净而又高贵，遗憾的是，人世间除了心地善良的人之外，还有大量的好斗分子。他们总是看谁好欺负就欺负谁，如此一来，我们在善良的同时，必须坚定自己的原则，用坚强捍卫自己的善良。善良，不等于软弱可欺。善良，是一种品质，和坚强刚硬一样，可以同时并存于一个人身上。只有做到这两者的完美结合，善良才能长久。我们无须害怕被别人欺负，在别人欺负我们的同时，恰巧我们可以以强硬的姿态表达自己的原则和立场。善良的人会主动捐献出金钱物质帮助穷苦人，但是这和自己的生命财产被恶人剥夺完全是两

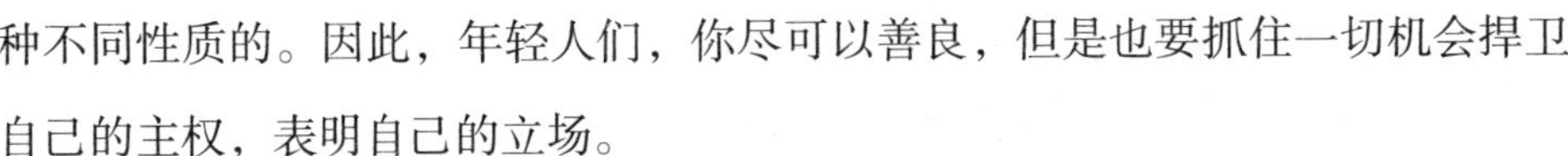

种不同性质的。因此，年轻人们，你尽可以善良，但是也要抓住一切机会捍卫自己的主权，表明自己的立场。

晓敏刚刚参加工作，就因为工作上的出色表现，得到了领导的认可和表扬。对于这样一个初出茅庐的黄毛丫头，就得到领导的大力赞赏，很多老员工都羡慕不已。当然，其中也不乏有些居心叵测者，对晓敏由妒生恨，怀恨在心。

有一次，晓敏在工作中出现失误，给公司带来了不小的损失。为此，赏罚分明的领导给了她一个三级过失，留职察看。这次失误，让晓敏在工作上承受了巨大的压力，也变成了流言蜚语的中心。一天午餐时分，晓敏一个人独坐一桌，正在吃饭，突然听到一个尖锐的女高音穿进她的耳朵里："归根到底，晓敏有什么资历呢？不过是凭着凑巧的运气，做出了一点成绩。看着吧，这次领导给她记三级过失，很快就会把她扫地出门的。"晓敏听到这话之后，饭没吃完就匆匆忙忙地走了。那个尖锐的女高音故意提高嗓门继续说："看吧，她就一个草包。要是真有本事，怎么不为自己辩解啊？"听到这话，已经走到餐厅门口的晓敏回过头来，她改变主意了，不再逃避，而是面对。她径直走到女高音面前，淡然地说："李姐，首先，我很佩服你的女高音，比喇叭更具有穿透力。其次，我非常感谢你的提醒。我的确就是个刚刚毕业的黄毛丫头，但是我却凭借能力获得了领导的认可。你的提醒让我更加深刻意识到工作上是不能出现失误的，我想，这样的情况绝对不会再出现第二次。最后，我想给你一个建议，以你的嗓音和音质，你完全可以在公司的年会上独唱一曲，一定会震惊全场。"说完，晓敏微笑着对着女高音鞠了一躬，就转身离开了。

所谓的李姐，正沉浸在惊愕之中。她曾经故意以高分贝说过晓敏好几次了，晓敏都选择逃避。这次，她万万没想到晓敏居然敢在大庭广众之下与她当面较量，而且说得合情入理，让她根本无从反驳。从此之后，李姐再也不敢在背后说晓敏这个黄毛丫头的坏话了。

一次次的退缩，只会让李姐更加得意忘形，得寸进尺地挖苦讽刺晓敏。这一次，晓敏出人意料地直面李姐的冷嘲热讽，反而让李姐措手不及。做人做事就要这样，虽然善良，但是不能软弱可欺。

在生活和工作中，每个人都难免会因为一些事情遭受非议，有好事者还会以此为借口，冷嘲热讽，表现自己肤浅的高明。首先，我们要认清一点，即年轻人犯错误是正常的事情，没有必要因为一次错误就小看自己。哪个人在成长的道路上没有犯过错误呢？只要虚心改正，年轻人一定会吸取经验和教训，拥有更加美好的未来。既然想清楚这一点，当别人揪住你犯错的小辫子对你冷嘲热讽的时候，你也就没有必要忍气吞声啦。

心理小贴士

1.人善被人欺，马善被人骑。这句话虽然很糙，但是话糙理不糙。

2.永远不要在善良和软弱可欺之间画上等号。善良和刚强坚毅都是一种美好而又高贵的品质，完全可以同时出现在一个人身上。

3.没有人喜欢被人欺负，既然如此，就赶快学会正面应对吧！

世界上没有过不去的火焰山

常言道，世上无难事，只怕有心人。即使火焰山那么烈焰灼天，孙悟空还是借来了铁扇公主的芭蕉扇，顺利翻山越岭。在生活中，每个人都应该是七十二变的孙悟空。即使遇到千难万险，也始终能够不忘初心，不离不弃地陪伴师傅到西天取经。我们每个人也有自己的目标，在人生路上，正是这目标，不断指引我们前进，奋发进取。在生活中，常常有些人一遇到困难就会产生浓重的畏难情绪，根本不知道如何应对。其实，兵来将挡，水来土掩。不管遇到怎样的困难，只要我们摆正心态，正面面对，困难总会像弹簧一样的。

从本质上来说，人生就是攀登的过程。我们经过努力，爬上一个顶峰，然而，很快又会有更高海拔的山峰在等着我们。如果遇到困难就放弃，那么我们永远也无法抵达成功的顶峰。在遇到看似不可逾越的困难时，一定不要急于否定自己。俗话说，条条大路通罗马。每个人只要用心思考，即使这条路走不通，也会有其他的路能够到达目的地。重要的是，我们应该心中怀有希望，这样才能坚持不懈地努力。生命不止，奋斗不息，任何人的人生要想不断进取，就要如此坚持不懈，持之以恒。

大学毕业后，静静的生活几乎陷入了谷底。刚开始的时候，她去了乡镇的一所初中当老师，虽然日子枯燥乏味，但是还好有孩子们相伴，倒也能熬得过去。然而，农村家长真的是有很多人都不明事理，有一次，静静把孩子留在学校辅导作业，家长就怒气冲冲地找上门来，把她狠狠地说了一顿。从那以后，静静在教学上的心气儿就低了。如果自己的付出得不到家长的接纳，自己起早贪黑的还有什么意思呢？她渐渐动了辞职的心思。没过多久，同学给她介绍了一个男朋友，在上海工作。虽然工作算不上高大上，只是个工程监理，但是静静依然同意了。毕竟，一旦结婚，她就可以理所当然地离开这个穷乡僻壤的地方。为了改变命运，虽然对那个男生没有感情上的一见钟情，静静还是按照老家的习俗在见面彼此不讨厌之后，迅速结婚。

结婚之后，静静如愿以偿地跟随爱人来到上海。虽然是媒妁之言，但是她还是一心一意地想把生活经营好。太仓促的婚姻总是会留下很多遗憾，没过多久，静静就发现她的爱人其实还和前女友有联系。为此，他们三天一小吵，五天一大吵，最终，他们离婚了。看着自己在一年前还有稳定的工作，还是自由的女孩，如今不但辞职了没有工作，而且还变成了离婚的女人，静静不由得黯然泪下。然而，无论怎么发愁，生活终究要继续往前奔。静静找了一份销售的工作，虽然很辛苦，但是付出终究有回报。几个月之后，静静就有了销售业绩，拿到了生平第一笔巨额提成，八千多块钱。虽然金钱不是万能的，但是没有金钱万万不能的日子让静静从高工资上看到了希望。她更加努力地工作，想要凭借自己的勤奋在上海立足。归根结底，静静不想再回到家乡，接受人们关切的同情和怜悯。艰难的日子只维持了两年多，静静居然凭借良好的销售业绩胜任主管了。后来，她在上海买了房子，还把父母也接到身边。因为静静的勤奋和努力以及自强不息的精神，在知道静静的遭遇后，李强毫不犹豫地爱上了她，完全接纳了她的过去。如今，静静毫无疑问是人生赢家，在上海安居乐业，事业有成。

在最低谷的时候，静静一定觉得自己前途迷茫，毫无希望。然而，她唯一能做的就是努力活下来。只要活着，就有希望。静静肯定从未想过自己能挣那么多钱，然而，她借助于结婚的契机来到上海，却找到了人生的舞台。这就是命运的奇妙之处。

生活中的人们，你们是否也曾有过这样的时刻，觉得自己的生活万分艰难，简直无以为继。这种情况下，千万不要伤心绝望，更不要因此而放弃自己的人生。只要你心存希望，勇敢而又坚强地活着，命运就一定会赐予你惊喜，给你意想不到的回报。

心理小贴士

1.每个人在一生之中都会遇到很多困难，这些困难有的轻而易举就能解决，有些却看似不可逾越。无论如何，我们都只能选择面对。

2.再艰难的时刻，随着时间的流逝，也会有结束的时候。只要活着，就有希望。

3.年轻人应该积极主动地面对困难，而不是在困难面前畏缩不前。

别让缺陷成为致命伤

一个人没有漂亮的鞋子，为此伤心地哭泣。突然，有一个拄着双拐的人来到他的面前，问：“亲爱的朋友，你为什么哭呢？”那个人难过地说：“我的鞋子一点儿都不漂亮，我想要一双漂亮的鞋子。”拄着双拐的人长叹一口气，说：“朋友，在我这样一个连脚都没有的人面前因为没有漂亮的鞋子而哭泣，你未免也太贪心了！”这就是生活。生活中，有些人拥有很多值得别人羡慕的一切，却因为无休止的欲望，更加奢望一些东西。有些人呢，命运对待他们太残酷，甚至剥夺了他们的健康，让他们没有健全的肢体，他们却依然要顽强地活着。和这些身体残疾却坚强不屈的人相比，我们拥有健全的肢体，还有什么可奢望的呢？和那些重度残疾的人相比，诸如张海迪、海伦、桑兰，即使身体有小小的缺陷，我们也不应该放弃生的希望和勇气。

很多缺陷都不是致命的，最严重的缺陷是全身瘫痪，只有大脑还能进行简单的思维。即便如此，他们也顽强而又乐观地向死而生，充实地度过生命中的每一天。只要心理健康，一切缺陷都不足畏惧。

在一岁半之前，海伦是个活泼、健康、快乐的孩子。正当她开始学会用眼睛欣赏花朵的美丽，用耳朵倾听小鸟的啼鸣时，她因为一场大病失去了听力和视力。从此，她的世界变得一片黑暗，寂静无声。渐渐地，她忘记了如何发声，连话也不会说了。但是，她非常顽强地成长，就像一株生命力顽强的野草。在七岁那年，海伦拥有了家庭老师，这是爸爸妈妈特意为她请来的。在家庭教师的帮助下，海伦开始学习文化知识。这位家庭教师小时候也差点儿失明，因此，她非常理解海伦的感受，也深刻理解海伦的痛苦。在老师用心的、充满爱的照顾下，海伦渐渐学会了认字、读书，还通过抚摸别人的嘴唇，学会发声，从而能够用语言表达自己的想法。

在无声无光的世界里，学习自然面临着更大的难度。为了帮助海伦更好地学习，老师常常带她走进鸟语花香的大自然，让她感受风，感受雨，感受各种新鲜的事物，由此增强她的理解能力和记忆能力。海伦自身也非常勤奋好学，再加上老师的用心教授，她居然完成了大学课程的学习，成为了一名大学生。在知识的海洋里，海伦自由地翱翔。在大学期间，为了鼓舞更多的人扬起生命的风帆，海伦根据自己的经历写了一本书，名为《我生命的故事》。在这本书里，她详细记述了自己和疾病抗争的过程，表达了顽强乐观、永不屈服的精神。很多残疾人读了这本书后，都对身残志坚的海伦敬佩不已。即使是拥有健康身体的人，也因此变得更加热爱生命。很快，这本书就被译成多种语言，在世界上的很多国家都畅销。从此之后，海伦一发而不可收拾，又创作了很多著作，并且在世界各地进行演讲，帮助人们树立生的希望和勇气。对于自己的人生，海伦非常感谢她的家庭教师。是她的老师，帮助她从精神上站立起来，变得自立自强，最终赢得了所有人的尊重。

5岁的时候，因为患脊髓血管瘤，张海迪高位截瘫。自此，她从胸部以下都失去知觉，医生估计这样的病人只能活到27岁。虽然知道生命的时光有限，但是张海迪并没有因此而自暴自弃。她抓紧有限的生命，努力学习文化知识。在15岁的时候，张海迪跟随父母上山下乡。看到当地农民生病之后缺医少药，无从医治，她便开始自学针灸知识，为当地的百姓治病。在父母下放期间，张海迪累积无偿为当地百姓治病，高达一万多人次。虽然她自己是残疾人，但是却给很多人都带去了健康。除此之外，她还主动担任起教师的角色，为孩子教授知识。

1991年，张海迪不幸身患癌症。在进行手术治疗之后，她丝毫没有放弃生活的希望。她喜欢哲学，因此开始自学研究生课程。她向保尔柯察金学习，走上了文学创作的道路，写出了很多鼓舞人心的作品。她还深入思考人生，写作了论文《文化哲学视野里的残疾人问题》。经过两年的学习，她顺利完成研究生课程，取得哲学硕士学位。张海迪虽然身体重度残疾，却被誉为“现代保尔”。这一切，都是因为她身残志坚，从不放弃希望。对于自己的一生，她平淡地说：“和一切为了理想而奋斗的人一样，我把艰苦的探寻本身作为真正的幸福。”

不仅如此，张海迪还具有奉献精神，总是极尽所能地造福社会。她依靠写作赚取稿费，又把辛苦积攒的稿费捐献给那些需要的人。这样的大爱精神，让人更加由衷地对张海迪竖起大拇指。

缺陷，并非是致命的。只要活着，我们就要努力给社会做出贡献。生命存在的意义，就是为社会创造价值。对于每个人来说，不管身体是健全还是残缺，只要竭尽所能地为社会带来热量，创造存在的意义和价值，就是大写的人。

生活中的人们，如果你拥有健全的身体，那么应该为自己感到庆幸。如果你不幸是残疾人，也不要因此而放弃生命。想象张海迪、海伦，想想保尔·柯察金，他们都是我们鼓起生命希望的榜样。只要身残志坚，我们就也能让自己的生命绽放光彩！

心理小贴士

1.残疾，不等于残废。虽然肢体的不健全也许会给我们的生活带来很多障碍，但是这些障碍都是可以克服的。

2.生命的延续，需要我们扬起希望的风帆，鼓起勇气，绝不放弃。

3.每个人的存在都可以创造价值，只要我们不放弃生命，一切都皆有可能。

你的态度决定了你是否幸运

生活中，常常有人抱怨自己“倒霉”，说自己运气很差。其实，所有的事情都可以归结于运气，那么，运气又是由什么决定的呢？如果我们把一切灾难和不顺利都归结于运气，然后就不再思考深层的原因，那么问题到这里就会戛然而止，从此陷入死循环，无法继续探讨下去。只有找明运气不好的原因，我们才能找到改变命运的方法。生命的哲学，恰恰在于这里。把命运的波折归结于运气不好的人，是悲观消极的。他们借以命运为借口，推脱自己的责任。相反，只有积极探寻命运真相的人，才是积极乐观的。他们对于命运从不屈服，他们相信自己可以凭借努力和毅力，改变厄运，迎来好运。事实的确如此。从某种意义上来说，人们是否幸运完全取决于自己的态度。假如人遇到难题的时候总是悲观失望，哪怕事情明明没有那么糟糕，他们也唉声叹气，放弃努力。如此一来，如何能找到扭转命运的契机呢？相反，有些人总是会受到好运的青睐，不管做什么事情，都非常顺利，即使遇到困难，也会有贵人相助或者找到很好的解决办法。这些人，并非真的是有如神助，而是因为他们的人生态度决定了他们在面对困难的时候总是积极乐观地寻求解决办法，从不甘于放弃，更不甘于接受命运的摆弄。所以，他们总是能够赢得好运的青睐，在不屈的抗争过程中享受柳暗花明又一村的惊喜。

有一对老夫妇特别贫穷，眼看着无法继续维持生计，他们决定把家里唯一值钱的东西——一匹马，拉到集市上卖掉，换些生活日用品。就这样，老头清早就起床牵着马赶往集市。路上，他遇到一个人牵着一头母牛，因此用马换了母牛。他高兴地想："母牛好，可以下小牛，还可以喝牛奶。"后来，他走着走着，又遇到一头羊。老头毫不犹豫地用母牛换了羊，因为羊不用吃粮食，只要吃草就行了。后来，老头有用羊换了一头肥鹅，他兴奋地想："这下好了，老太婆可以做烧鹅了。烧鹅香喷喷的，一定很好吃。"然而，一路走回家，老头又用肥鹅换了母鸡，因为母鸡可以下蛋，之后又换了一筐子烂苹果，因为苹果不但可以做苹果酒，还可以做苹果酱，用来抹面包。老头背着苹果走啊走啊，虽然他迫不及待地想要回家把苹果交给老太婆，但是他实在太累了，只有走进一家小酒馆休息。在闲聊中，两个英国人听说老头用一匹马换了一筐烂苹果，不由得哈哈大笑起来，说他回家之后肯定会被老太婆狠狠地骂一顿，甚至还会揍一顿。不想，老头坚定不移地说："不会的，看到我背回家的苹果，老太婆一定会非常高兴。"如此争辩来争辩去，英国人决定合伙拿出一袋金币，和老头打个赌。就这样，老头拎着一筐苹果，带着两个英国人回到家里。他顾不上招待客人，就开始兴奋地向老太婆讲述赶集的经过。果然，老太婆毫不生气，随着老头子的讲述，她不时高兴地说："哦，我们有牛奶喝了。""羊奶也不错，还不用吃粮食。""鹅蛋的味道一定很好，还可以吃烧鹅！""天啊，每天都有鸡蛋吃，多么幸福啊！""哦，我们今天晚上就能吃苹果馅饼！"就这样，两个英国人输掉了一袋金币，却吃了一顿美味的苹果馅饼。

不知道内情的人，当听说老头因为一筐烂苹果而赚得一袋子金币的时候，一定会说他非常幸运。然而，当知道真相之后，他们会不会因为老头的做法而埋怨他的愚蠢呢？用一匹马换了一筐烂苹果。归根结底，这对贫穷的夫妇之所以幸运地得到一袋子金币，是因为他们的心态非常乐观，没有因为一匹马的损失而感到失落，甚至爆发争吵。如果我们也能像这对老夫妇一样乐观地面对生活，不因为一匹马而破坏生活的乐趣，而是顺势而为、就地取材地享受一顿美味的苹果馅饼，那么我们也会得到更多的快乐，当然也会同时拥有更多的好运。

根据心理学家研究显示，现实的乐观主义者更容易结交好运，获得成功，收获快乐。既然如此，我们何不做一个乐观主义者呢？要相信，当你变得快乐，好运也会接踵而至！

心理小贴士

1.当一个人愁眉苦脸，他就会与厄运相伴。

2.当一个人快乐幸福，好运就会更加青睐他。

3.当你为失去的马匹哀叹，不如接受现实，享受一顿美味的苹果馅饼。这样的人生哲学虽然看似愚蠢，却能帮助我们实现人生的终极目的：收获快乐！

学会从他人身上寻找捷径

我们常常说成功是没有捷径的，其实是想告诫人们不管做什么事情都要踏踏实实，不要妄想投机取巧。其实，成功是有捷径的，那就是学习成功的前辈，从他们身上吸取经验和教训，从而少走弯路。这是一种学习，能够帮助我们避免在摸索的道路上碰得头破血流，也能节省我们宝贵的时间。当然，前提是你要有虚心学习的态度，并且能够有选择地学习，把他们的成功经验结合自己的实际情况，从而产生切合实际的金点子、好主意。

人类社会之所以发展得这么快，突飞猛进，就是因为文明的传承。试想。如果不是前人们发明了火，并且传下来宝贵的火种，也许我们现在还在茹毛饮血。如果不是弗兰克林发现了电并且对其进行研究，如果不是爱迪生发明了灯泡，给全世界带来了光明，哪里有现在的工业文明呢？全人类的精神文明，都像是一棒接一棒的接力赛，不断积累和传承，所以才有了今天的文明世界。虽然他人的经验未必会以文字的形式流传下来，但是三人行必有我师。只要处处留心，从身边的人身上，我们就能学到很多的知识。很多人也许会说，我想学，别人未必会教我啊。其实，学习的方式有很多人，诸如观察，完全不需要别人教授你秘诀，你只要通过自己的眼睛，就能明白七八分的奥妙。再如，偷学。俗话说，教会徒弟，饿死师傅。你要想偷师学艺，就必须首先放低姿态。在封建社会，徒弟要想向师傅学习真传，也许先得无偿地伺候师傅的饮食起居好几年呢！现代社会依然如此，要想言传身教地得到师傅的真传，我们首先放低姿态，耐住性子，打动师傅的心。此外，现代的市场经济下，取长补短的合作也是一种共赢的学习方式。他有技术，你有资金，如果你们能够合作，自然是珠联璧合。当然，前提是要达成合作的共识，要有良好的合作意识。这么说来，你是不是恍然大悟，觉得突然之间有很多学习的捷径可走呢？

大学毕业后，学习软件开发的李刚很想成立一家自己的软件公司。从大学时代开始，他就为外面的一些软件公司研发软件，可以说技术层面来说是完全没有问题的。但是，他没有资金。原本想成为自由职业者的他，突然想到了一个好主意。找投资人入股，自己则以技术入股。当时，正是软件发展的顶峰时期。成立软件公司，并不需要大量的资金。为此，李刚特意邀请了好几个同学，来商量这件事情。其中有个同学家里很有钱，开办软件公司的启动资金轻而易举就能拿出来。而且，他对于软件公司也比较感兴趣。就这样，李刚和那位同学达成一致。李刚技术入股，负责经营，占49%的股份。那位同学提供全部所需资金，负责管理，占51%的股份。很快，就在其他同学还四处奔忙找工作的时候，李刚的软件公司红红火火地开业了。凭借大学期间积累的人脉和客户关系，他们刚刚开业就签了好几单子。对于这样的合作方式，李刚和同学都非常满意。

李刚很聪明，即将大学毕业的他不想成为一个普通的打工仔，又因为自由职业不够稳定，所以，他通过与同学合作，找到了人生的第一桶金，成功开创了自己的软件公司。从某种意义上来说，这就是一种从他人身上找到的捷径。试想，如果李刚依靠自己辛勤地工作来积累资金开公司，且不说他出去生活成本就要积攒好几年才能有些资本，市场的机会也会转瞬即逝。现代社会很多行业都讲究合作，我们必须具有合作意识，才能取得共赢，才能让自己在通往成功的道路上更加省时省力。

生活中的人们，你们在追求成功的路上是否也面临困惑呢？或者缺少经验，或者缺少资金，这方面的欠缺都是很好弥补的。只需要合作共赢，就能很快解决。当然，如果你既没有经验，也没有资金，那就要多多开动脑筋，看看身边的人如何在成功的道路上大踏步前进的。所谓三人行，必有我师。即使你们毕业于高等院校，学历很高，也千万不要妄自尊大。毕竟，学识、能力和经验都是成功必不可少的要素，缺一不可。从现在开始，奔跑吧！

心理小贴士

1.在其他人的身上，我们只要成为有心人，总能发现值得我们学习的地方。很多时候，汲取他人的经验和教训，能使我们少走弯路，这也就是所谓的捷径。

2.每个人都渴望成功，然而，随着社会分工越来越细化，很多时候我们必须和他人合作，这样才能共赢。

3.捷径总是有的，就看你是否用心寻找，具有合作意识。

得道多助，失道寡助

早在两千多年前，圣人孟子就说“得道多助，失道寡助”。虽然这句话当时是针对君主说出来的，然而，随着社会的发展，这句话的含义也不断演化。如今，这句话也非常适用于普通人的为人处事。简而言之，“得道多助，失道寡助”的意思就是说，一个人应该常常帮助别人，得到他人的认可，这样别人也会帮助他；一个人如果从来不帮助别人，无法得到他人的认可，那么在他需要的时候，别人也不会伸出援手。随着时代的发展，整个社会融为一体，每个人都是兄弟姐妹。即使全世界，也因为交通和通讯的发达，变得咫尺可达。这也就是我们平日里常说的地球村。现代是和平的时代，习主席频繁外交，也是为了争取世界的和平与稳定。那么作为我们小小的老百姓呢？当然，我们也愿意在和谐融洽的环境中生活。然而，和谐融洽不是别人给的，而是我们自己努力争取得来的。我们必须首先主动帮助有需要的人，才会在自己需要的时候得到他人的援手。

曾经热播的电视剧《温州两家人》，讲述了在金融风暴中两家企业的生存之道。在这部电视剧中，很好地诠释了温州人的经商之道，即诚信互助。在自身难保的情况下，黄瑞诚依然奋不顾身，哪怕把自己拖累死，也要竭尽全力地拯救遭遇危及的同行业经营者，令人肃然起敬。虽然电视在高潮时戛然而止，但是作为观众，我坚定不移地相信，经过这次患难与共，每个人都会对他由衷敬佩。看这部电视剧令人感慨良多，深深知道经商之路的不容易。很多人只看到商人的位高权重，却不知道他们承担着更沉重的责任。

春秋战国时期，秦孝公支持商鞅变法。当时的秦国，战争频频发生，百姓心神不定，根本没有人支持变法。为了正式推行改革，商鞅决定首先树立威信。他让人把一根足足有三丈长非常粗壮的木棍扛到城南门外，牢固地树立在那里。他张贴告示，昭告百姓：如果有人把这根木棍扛到北门，就赏他十两黄金。人们全都围着木棍议论纷纷，却不相信只要把木棍扛到北门，真的能得到赏金。因此，看得人很多，却没有人愿意试一试。看到大家无动于衷，商鞅当众表示：“如果有人把木棍扛到北门，赏赐黄金五十两。”所谓重赏之下必有勇夫，看到赏金如此之高，有人抱着试试看的心态，把木棍扛到了北门。商鞅当即命令下人取来五十两黄金，赏赐给扛木棍的人。看到商鞅真的赏赐五十两黄金，百姓们全都震惊了。正是这个举动，帮助商鞅树立了威信，保证了变法的顺利推行。经过变法，秦国越来越强盛，最终一统天下。

在“商鞅立木取信”的地方，曾经发生了一件可笑的事情。这件事情史称“烽火戏诸侯”，是一出不折不扣的闹剧。当时执政的周幽王非常宠爱妃子褒姒。有一次，他看到爱妃闷闷不乐，为了逗她开心，就命令烽火台点燃烽火。要知道，在古代社会，烽火台只有当边关遭到侵袭的时候，才能点燃烽火。因此，诸侯们全都马不停蹄地率兵赶到，却发现虚惊一场，点燃烽火的闹剧只是周幽王为了博得妃子一笑。为此，诸侯们全都生气地掉头回去，对周幽王的不满也越发深重。看到上朝时一个个威风凛凛的诸侯们不知所措，气得七窍生烟却又不敢发作的样子，褒姒忍不住哈哈大笑起来。正是这次闹剧，导致五年后西夷太戎发兵攻打周幽王时，虽然点起烽火，却没有一个诸侯前来救驾。最终的下场是，周幽王被逼拔剑自刎，褒姒成为了阶下之囚。

时隔400年，在同一个地方发生的这两件事情截然不同的结局，让人唏嘘不已。作为一国之君，周幽王居然为了博取爱妃的笑，就冒失地点燃烽火。可想而知，当诸侯们赶来救驾的时候，却看到哈哈大笑的褒姒，虽然敢怒不敢言，心里只怕早已对君主失去了信任。与周幽王恰恰相反，商鞅想出办法，不惜花费重金，只是为了让百姓相信他是一诺千金的人。由此可见，“信”深深地影响着国家的命运。

读者朋友们，虽然我们不是高高在上的君王，但是在现代社会，要想有所成就，也是离不开他人的团结协作的。所以，我们也应该牢记“得道多助，失道寡助”这句话，用心地对待身边的人，取信于他们，这样才能获得长久的支持与合作。

心理小贴士

1.没有信用，君主会导致国家灭亡，普通人会导致众叛亲离。

2.每个人都应该树立自己的信用，这对于我们追求成功、做人做事都是至关重要的。

3.常言道，君子一言，驷马难追。即使是普通人，也应该竭尽所能地兑现自己做出的承诺，毕竟，路遥知马力，日久见人心。一旦失信，就会导致你举步维艰，寸步难行。

参考文献

[1] 韩梅梅.永远不要找别人要安全感[M].北京：北京联合出版公司，2014.

[2] 二白.在艰难的世界里，勇敢前行[M].北京：台海出版社，2015.

[3] 冯军.不畏挫折，勇敢前行[M].北京：现代出版社,2014.

[4] 毕淑敏.在不安的世界里,给自己安全感[M].北京：北京联合出版公司,2015.